智慧农业遥感平台

关键技术与架构设计

侯学会 等◎著

中国农业科学技术出版社

图书在版编目（CIP）数据

智慧农业遥感平台：关键技术与架构设计 / 侯学会等著. -- 北京：中国农业科学技术出版社，2025. 7.

ISBN 978-7-5116-7510-1

Ⅰ. S127

中国国家版本馆 CIP 数据核字第 20254K97T7 号

责任编辑 白姗姗

责任校对 李向荣

责任印制 姜义伟　王思文

出 版 者 中国农业科学技术出版社

北京市中关村南大街 12 号　　邮编：100081

电　　话（010）82106638（编辑室）（010）82106624（发行部）

（010）82109709（读者服务部）

网　　址 https:// castp.caas.cn

经 销 者 各地新华书店

印 刷 者 北京建宏印刷有限公司

开　　本 148 mm × 210 mm　1/32

印　　张 5.75

字　　数 144 千字

版　　次 2025 年 7 月第 1 版　2025 年 7 月第 1 次印刷

定　　价 48.00 元

著者名单

主　著： 侯学会

副主著： 骆秀斌　　周梓涵

著　者（按姓氏笔画排序）：

马　爽　　王　菲　　王　猛　　王剑非
牛鲁燕　　闫　帅　　李乔宇　　杨　洁
张卓然　　张钧泳　　张晓艳　　郑纪业
封文杰　　赵　佳　　高　瑞　　郭鸿雁
韩冬锐

PREFACE 前言

在全球气候变化加剧、粮食安全挑战日益严峻的背景下，农业生产的精准化、智能化已成为各国战略布局的核心方向。其中，遥感技术以其大范围覆盖、可动态监测的优势，在农业领域表现出广阔的应用前景，能够快速、准确地获取大面积的农田信息，包括农作物类型、种植面积、生长状况、土壤墒情、病虫害发生情况及灾害损失程度等，为农业生产决策提供了有力的数据支持，成为现代农业不可或缺的重要工具。

在全球范围内，许多国家已经意识到农业遥感技术的重要性，并纷纷投入大量资源进行相关研究与应用实践。例如，美国、欧盟等发达国家和地区在农业遥感监测方面已经建立了较为完善的体系，通过卫星遥感和航空遥感相结合的方式，实现了对农业生产过程的精细化管理和精准决策，大大提高了农业生产效率和农产品质量。而我国作为农业大国，同样高度重视农业遥感技术的发展，并在国家层面出台了一系列政策文件鼓励和支持相关研究与应用。例如《数字农业农村发展规划（2019—2025年）》《“十四五”全国农业农村信息化发展规划》《“十四五”全国农业农村科技发展规划》《“十四五”推进农业农村现代化规划》等文件明确提出：构建天空地一体化农业遥感监测体系，推动遥感技术与农业全产业链深度融合；“加快发展遥感监测、物联网测控、大数据分析等技术，提升墒情、苗情、虫情、灾情等‘四情’监测能力和气象预测预报能力”；“建立健全耕地资源监测体系，利用航空航天遥感、物联网、云计算、大数据等前沿数字和信息化技术，长期系统监测耕地资源利用状态及其承载力动态变化”；“加快推动遥感卫星数据在农业农村领域中的应用”。《全国智慧农业行动计划（2024—2028 年）》明确要求：“建设农业基础模型与算法开放平台，建立农业智能模型算法软件开源社区，为各类农业模型开发提供高效敏捷的开发工具和基础模型库”。上述文件表现出对遥感技术的需求越来越明确，要求越来越高。

国以农为本、民以食为天，粮食足则天下安。粮食不仅是重要的商品，更是国家重要的战略物资，其重要性不言而喻，为确保粮食安全等国家战略，各省份积极探索省域尺度的农业遥感监测，及时提供全省小麦、玉米等大宗粮食作物种植面积与分布、长势墒情、产量预测和农业灾害预测等信息，并不断提高信息获取的范围、精度、频率和时效，确保决策的科学有效。为给业务需求部门提供更加直观、有历史数据对比分析的农业遥感监测数据，我们在充分开展需求调研的基础上，以农业大省山东的农业发展为背景，设计了省域尺度的智慧农业遥感平台总体框架，并对关键技术进行分析，这也是本书形成的前提和基础。

本书共包括 7 章 24 节，主要阐述智慧农业遥感平台建设的背景、总体目标、涉及的主要关键技术、总体设计方案以及相关的数据中台建设内容、具体的业务体系模块设计，并对平台建设中参考的技术标准体系进行总结，以确保农业遥感平台与其他信息化平台的一致性，便于后续能够根据业务需求和技术的发展便捷地实现平台模块的扩展和与其他平台的打通对接。

本书的出版不仅为基于遥感技术建设面向业务化需求的农业遥感平台提供技术蓝本，更旨在为全国农业数字化转型提供一定参考。随着人工智能等新技术的渗透及卫星产业的不断兴盛，农业遥感将向“高频次、高精度、高智能”方向演进。期待本书能激发更多创新实践，推动我国从“农业大国”迈向“农业强国”的跨越式发展。

本书由侯学会提出总体架构设计，侯学会、骆秀斌、周梓涵负责撰写和统稿工作。本书的形成和出版是多方支持和帮助的结果，山东省农业科学院马爽、王菲、王猛、王剑非、牛鲁燕、闫帅、李乔宇、杨洁、张卓然、张钧泳、张晓艳、郑纪业、封文杰、赵佳、高瑞、郭鸿雁、韩冬锐等对本书提出了建设性的修改意见。中国农业科学技术出版社为本书的出版给予了大力支持，在此一并表示感谢！

随着遥感技术与人工智能的快速发展，相关理论与方法持续迭代更新。受限于著者的学术视野及本书的成稿时间，书中难免存在疏漏或不足之处。我们诚挚欢迎各位专家学者与业界同行提出宝贵意见与建议，以期在后续修订中进一步优化内容，提升本书的学术价值与实践指导意义。

著 者

2025 年 5 月

CONTENTS 目录

第一章　绪　论

本章介绍了智慧农业遥感平台建设的背景。首先介绍了现代农业的数字化需求和挑战，表明数字农业一直都是国家基础性战略，但发展数字农业面临着挑战，我们迫切需要建设智慧农业天空地一体化的监测网络；其次介绍了农业遥感国内外发展现状；最后介绍了相关政策，表示国家对发展数字化智慧农业一直给予大力支持。

第一节　现代农业的数字化需求和挑战

当前，数字乡村数字农业正快速发展为发现新知识、创造新价值、提升新能力的新一代信息技术和服务业态，已成为国家基础性战略，正成为推动我国经济转型发展的新动力、重塑国家竞争优势的新机遇和提升政府治理能力的新途径。随着信息化和农业现代化的深入推进，农业农村信息化数字化建设正在与农业产业全面深度融合，逐渐成为农业生产的定位仪、农业市场的导航灯和农业管理的指挥棒，日益成为农业农村的神经系统和推进农业现代化的核心关键要素。

国内农业信息化起步较晚，目前以政府推动为主，以数据管理、数据共享等为服务的核心，在服务理念层面吸取国际先进思想，如中化现代农业有限公司提出的MAP战略，布局完整，但应用落地层面与欧美国家还有一定差距。主要体现在：①信息采集方面，指标体系尚不健全，准确性和时效性不足；②信息分析方面，一线用户和业务人员可用的便捷式信息快速分析手段有限，专业研究与实际应用的需求和条件还存在一定差距，信息生产效率对按需定制、实时需求的满足还不够，对实际应用的响应不够及时；③信息应用方面，信息发布工作分散、零乱、缺乏统一部署和协调，没有建立起具有权威性的信息发布渠道，信息壁垒严重，信息深加工服务能力不足，信息服务频率低，不能满足基层和农民的需要等。

为贯彻落实党中央国家粮食安全战略，深入实施创新驱动发展战略和乡村振兴战略，各省份需要着力提升省域层面农业管理现代化水平，在开展政策支撑、业务需求和技术发展水平等调研的基础上，面向政府需求和产业市场需求，瞄准农业遥感研究应用前沿，不断加强农业遥感技术基础研究、应用基础研究和技术开发，综合运用云计算、大数据、人工智能等新兴技术，开展农业遥感监测机理、核心算法、模型反演及技术集成研究与应用，建设智慧农业天空地一体化监测网络，构建省域农业资源监管“一张图”、农业生产管理“一张网”，建成国际接轨、国内一流、地方特色、功能齐备的智慧农业遥感应用平台，致力于为我国“三农”领域日常监管和宏观决策提供数据支撑，为农业产业高质量发展和农民增收提供信息及技术服务。

第二节　农业遥感的发展现状

农业遥感是推进农业科学决策、优化产业布局、增添发展动能、发展数字经济的基本支撑手段。通过卫星对地、对气、对海的观测，提供大量的农业观测数据，能够全面查清农业资源本底，及时监测农业生产过程，实现以数据为生产要素的新型农业生产方式，能够为农业创新发展提供重要动力。习近平总书记多次强调，悠悠万事，吃饭为大。卫星遥感监测能够及时获取国家粮食安全的有效信息，能够对土地开发潜力、农作物适宜性、农业灾害和粮食产量进行客观、精准的分析评价，为优化调整农业生产布局、降低生产成本、提高农业效益提供决策支持，科学指导农业生产。推动实现遥感大数据处理自动化、应用工程化和服务业务化，基于高分数据采集能力，融合卫星遥感和无人机技术的天空地一体化监测网络，实现遥感图像自动标准化处理与解译，能够更好地服务于数字乡村建设。

尽管农业遥感已经经历了几十年的发展，无论是遥感监测设备还是模型方法，都日臻完善。但是，遥感在支持农业管理方面仍旧存在一些不足，包括天空地协同的农田信息立体网建设仍旧滞后、作物类型的精细监测方法缺乏、作物长势监测及产量预估模型时空迁移性差、精度有限，病虫害遥感测报在应用方面停滞不前等。

美国、欧盟、加拿大和联合国粮食及农业组织等国家和组织，通过一系列计划建立了各自的农情遥感监测业务化运行系统。这些系统在大范围农业监测中发挥了重要的作用，为相关政府和部门的宏观决策提供了重要的依据。

在美国，农业部（USDA）海外农业服务局（FAS）和国家农业统计局（NASS）是美国农情遥感监测的最主要机构。FAS开发了 CropExplorer 决策支持系统，提供基于遥感影像和气象数据的全球作物长势信息、空间分辨率优于 30 米的作物种植面积等。NASS 基于本国强大地面监测网和卫星遥感数据，开发了本国的作物种植结构监测（CropScape，所有作物）、低分辨率土壤水分逐日监测（CropCASMA）、作物生长条件监测（VegScape，日 / 周 /14 天）、灾害监测与分析等系统，实现其国内所有类型作物种植面积空间分布制图和作物长势、土壤墒情评估，定期为国内政府、企业和农场主等提供信息。同时，NASS 每隔 5 年做一次全国农业普查，为农业部相关决策者提供独立的全国尺度作物信息。

欧盟农业遥感研究计划（MARS）为联盟提供准确、独立和及时的作物产量预测以及作物生产生物量（包括生物燃料作物）。自 1992 年以来，MARS 就一直在开发和运行一个作物预报系统，该系统能够监测作物的生长（谷物、油料作物、蛋白质作物、甜菜、马铃薯和牧草等），评估气象事件对作物产量的短期影响，并提供对欧洲作物的年度预报。近年来，借助卷积和循环神经网络等先进的深度学习技术，基于 Sentinel 系列雷达和光学图像，欧盟实现了全自动检测农田边界并识别这些农田上的作物类型试点，同时整合统计模型和作物生长模型等多模型综合，开展欧盟各国作物长势监测、单产预测、病虫害等灾害监测等。该系统由遥感（NOAA-AVHRR，SPOT-VGT，MODIS，MSG 等）和气象观测（观测站数据和 ECMWF 数据）数据分析、农业气象建模（作物生长监测系统，CGMS）和统计分析组成。

联合国粮食及农业组织（FAO）于 1975 年开发了“全球信息与预警系统 GIEWS”，在全球尺度开展食物供给和需求的监测。遥感技术在 GIEWS 的应用主要集中于定性的评估和早期预警，在定量监测与预测方面做的工作较少。加拿大统计局启动了“作物长势评估计划 CCAP”，以 AVHRR 植被指数和 MODIS 数据为数据源，监测作物长势和旱情，在作物单产、作物种植面积等领域并未开展运行化监测，监测内容相对单一。

我国农业遥感研究与应用经历了从20世纪70年代末的技术引进、80年代到90年代中期的关键技术攻关、90年代中后期到现在的快速发展、业务应用几个阶段。目前，农业农村部、中国科学院、中国气象局和国家统计局等单位均已建立了稳定运行的国家级农情遥感监测系统，主要服务于国家宏观决策。其中，农业农村部的农情遥感监测系统，每年利用国内外各类卫星、气象和地面观测等数据，开展我国和世界重点区域7种作物面积、长势、墒情和产量监测预测，为农业宏观决策提供信息支撑；中国科学院的全球农情遥感速报系统CropWatch，监测范围已覆盖全球173个国家，并通过阿里云建立了CropWatch全球农情监测云平台，实现了集农情在线监测、信息在线查询、农情在线分析、信息发布于一体的全球农情监测，并提供云服务，降低了发展中国家财政与运营成本；中国气象局的农情监测系统主要采用风云系列卫星和遍布全国的气象站点等数据，开展全国作物长势、墒情和产量监测预测；国家统计局依托其强大的地面调查体系，采用高分16米等卫星影像开展了13个粮食主产省的粮食作物种植面积遥感监测。

除上述农情监测系统以外，俄罗斯、日本、印度、阿根廷、巴西、澳大利亚、泰国等国家也相继开展了对小麦、水稻、玉米、大豆、棉花、甜菜等的遥感估产研究，发展了不同的单产模型，并且综合不同的遥感资料监测作物的种植面积。

综上所述，在大尺度宏观层面，当前国外主要的作物遥感监测系统多集中在欧美等发达国家，利用中/低分辨率遥感数据，结合完善的地面调查统计系统，开展国家乃至全球的作物面积统计、长势分析与产量估算等服务。其主要技术特点表现如下。

（1）依托完善的农情调查统计与汇总上报体系。

（2）作物长势、耕地墒情等变化较快的信息以中、低分辨率光学遥感为主要数据源，以旬、月为监测周期。

（3）作物种植结构监测数据的空间分辨率逐渐提高，由面向像元的监测向面向地块的监测转变。

此外，在局部小尺度精细农业遥感监测方面，多以企业等营利机构为主（如英国 Agrimetrics、德国 SAP、以色列 Taranis 等）。多围绕精细作物实验（如种子、肥料等）、高附加值作物以及特色作物，开展以田块为单元的精细尺度监测、管理与分析应用。特别是白俄罗斯的 OneSoil 公司，成功推出了世界上独一无二的农业信息交互地图平台，包含欧洲和美国等 44 个国家的 6 000 余万个地块和 27 种作物连续 3 年的矢量空间分布图。这些应用以高分辨率遥感、无人机航拍和地面传感网等高质量数据为信息源，以人工智能与大数据技术为支撑。而国内则涌现出诸如佳格、中农 MAP 等农业遥感科技服务公司，综合利用国产高分卫星、Landsat/Sentinel 等国外卫星、无人机、物联网等多尺度数据，借助遥感影像智能分析与数据挖掘技术，提供包括作物种植区识别与面积监测、长势评估、产量预测、农业灾情预警、灾后估损定损等农业解决方案。

第三节　相关政策背景

2019 年 5 月，中共中央办公厅、国务院办公厅印发《数字乡村发展战略纲要》中指出："着力发挥信息技术创新的扩散效应、信息和知识的溢出效应、数字技术释放的普惠效应，加快推进农业农村现代化"。农业农村是大数据产生和应用的重要领域之一，是我国国计民生发展的基础和重要组成部分。

2020 年 1 月，农业农村部、中央网络安全和信息化委员会办公室印发《数字农业农村发展规划（2019—2025 年）》，提出："推进管理服务数字化转型，建立健全农业农村管理决策支持技术体系和重要农产品全产业链监测预警体系，建设数字农业农村服务体系，建立农村人居环境智能监测体系，建设乡村数字治理体系……科技创新能力不断提升……智慧农业实验室、数字农业创新中心加快建设，农业物联网、数据科学、人工智能等相关专业在高等院校普遍设立……农业物联网应用服务、感知数据描述和传感设备基础规范等一批国家和行业标准陆续出台……集成应用卫星遥感、航空遥感、地面物联网的农情信息获取技术日臻成熟"。

2020 年 10 月，中国共产党第十九届中央委员会第五次全体会议深入分析国际国内形势，审议通过了《中共中央关于制定国民经济和社会发展第十四个五年规划和二〇三五年远景目标的建议》，指出：①加快数字化发展。发展数字经济，推进数字产业化和产业数字化，推动数字经济和实体经济深度融合，打造具有国际竞争力的数字产业集群……扩大基础公共信息数据有序开放，建设国家数据统一共享开放平台。②发展战略性新兴产业。推动互联网、大数据、人工智能等同各产业深度融合，推动先进制造业集群发展，构建一批各具特色、优势互补、结构合理的战略性新兴产业增长引擎，培育新技术、新产品、新业态、新模式。促进平台经济、共享经济健康发展。

2021 年，中共中央、国务院发布《关于全面推进乡村振兴 加快农业农村现代化的意见》，以及农业农村部发布的《关于落实好党中央、国务院 2021 年农业农村重点工作部署的实施意见》中明确“加快推进农业现代化，提升粮食和重要农产品供给保障能力，坚决守住18亿亩[①]耕地红线……加快建设农业农村遥感卫星等天基设施……发展智慧农业，建立农业农村大数据体系，推动新一代信息技术与农业生产经营深度融合”。

2022年，农业农村部印发《“十四五”全国农业农村信息化发展规划》，要求“加快国家农业农村大数据平台建设。建立健全农业农村数据管理制度，完善数据标准体系，编制数据资源目录，构建全国农业农村数据资源体系。利用现代信息技术改造提升农业农村现行统计监测条件，拓宽遥感监测、物联网、互联网等数据渠道，强化全球农业数据采集，提升数据采集的广度、深度、时效性和可靠性。深入推进政务数据资源整合共享，对农业农村数据资源进行对接汇聚、加工处理、分类整理，建立农业农村数据资源池。参照国家自然资源和地理空间数据的时空基准，构筑农业农村全时空四维数字空间，在部统一地理信息共享服务平台基础上，建设农业农村各类业务数据图层，形成‘1张底图+N个农业专题应用图’，实现数据精细化可视化的分级展现、直观对比和动态跟踪。培育数据交易市场，推动涉农数据要素有效流通”。

2023年，国家数据局等17部门联合印发《“数据要素 ×”三年行动计划（2024—2026年）》，计划重点支持“数据要素 ×现代农业”等主要方向，包括“提升农业生产数智化水平，支持农业生产经营主体和相关服务企业融合利用遥感、气象、土壤、农事作业、灾害、农作物病虫害、动物疫病、市场等数据，加快打造以数据和模型为支撑的农业生产数智化场景，实现精

① 1亩≈667 m^2。

准种植、精准养殖、精准捕捞等智慧农业作业方式，支撑提高粮食和重要农产品生产效率”。

2024 年，农业农村部下发《关于大力发展智慧农业的指导意见》，并出台《全国智慧农业行动计划（2024—2028 年）》，进一步要求“实施智慧农业公共服务能力提升行动。打造国家农业农村大数据平台。完善国家农业农村大数据平台架构设计，统筹谋划存量资源和增量项目，加快推进算力、存储、安全、网络条件提升和灾备体系建设，构建统一的数据资源池和数据采集、汇聚治理、分析决策等系统，打造农业农村数据管理服务中枢。制定完善农业农村数据分类分级规范、数据资源目录和共享制度，应用‘全农码’对农业资源、主体、产品数据统一赋码，深入推进数据资源汇聚治理和共享交换。升级优化‘农事直通’移动端窗口，丰富和拓展为农服务数字化应用。构建农业农村大数据协同创新体系，制定促进数据平台上下协同的标准规范，推广农业农村大数据平台基座等软件工具……共建农业农村用地‘一张图’。统筹用好农业农村地理信息公共服务平台等现有条件，开发满足农业农村管理应用需求的农业农村数字底图，完善地图制作、发布、服务等功能，为各级农业农村部门提供基础能力支撑。央地合作、部门协作推动各类涉农数据上图入库，建设耕地、永久基本农田、高标准农田、承包地、宅基地、耕地种植用途、养殖坑塘用地等专题图层，为每块地建立数字档案。鼓励各级农业农村部门和各类主体依托用地‘一张图’，开发耕地种植用途管控、防灾减灾、生产托管、农机精准作业等各类应用。开发智慧农业基础模型。建设农业基础模型与算法开放平台，建立农业智能模型算法软件开源社区，为各类农业模型开发提供高效敏捷的开发工具和基础模型库。开发推广具有自主知识产权的作物生长、动物行为和体征识别、生产管理决策、设施环境多因素联动调控等基础模型算法，以及智能育种、饲料配方、农场管理等通用软件工具或 SaaS 软件服务，为各类智慧农业应用提供技术底座。加快推动人工智能大模型在农业农村科研、生产经营、管理服务等重点领域应用”。

第二章　智慧农业遥感平台建设概述

本章介绍了智慧农业遥感平台建设。第一，介绍了平台建设的目标，包括要建设一个农业数据中台、一个遥感数据处理枢纽、一个面向不同用户的管理与服务体系、一批农业遥感业务系统、一个综合会商与服务平台；第二，对业务需求进行了分析，包括数据中台业务需求、遥感影像自动化处理系统业务需求、多套管理与服务体系业务需求、农业业务监测系统业务需求、综合会商与服务系统业务需求；第三，对平台用户需求进行了分析，包括管理人员、政府部门、科研人员、农业金融服务企业、农业社会化服务企业、规模化种植个人或企业；第四，介绍了相关的技术要求，包括平台技术指标、系统性运行和响应要求、系统传输能力要求、系统可靠性、系统安全性和系统兼容性。

第一节　平台建设目标

一、建设一个农业数据中台

建设一个统一的遥感农业信息资源综合管理综合分析的数据中台，基于统一的定义，对多源异构数据进行有效汇聚整合与统一存储，提供数据的优化、挖掘、应用和开发服务。通过统一的信息资源中心形成一个能流通的数据网，其中的数字资源形成统一的调度和有效的利用，提升遥感数据利用价值，带动农业种植科学决策和高效服务。通过数据中台各类业务数据库的建设，实现基于云服务的农业遥感、地块、作物物候、气象等数据汇聚，并支撑信息资源的数据共享与交换，实现相关数字化信息资源的统一管理、调度、协同工作与展示，提供数据共享服务和产业链联动支撑，为各农业企业、管理决策层及农业科研人员提供全面、精准、动态的信息服务。

二、建设一个遥感数据处理枢纽

建设遥感数据处理枢纽，利用高性能、高可扩展性、高可用性的云计算技术，通过分布式存储与并行计算模型，实现海量遥感数据的高速处理和生态参数产品的批量生产，以及海量数据的智能挖掘分析。构建开放式服务元素容器技术和遥感云数据处理平台，使计算设备、数据资源、算法模块库和业务应用相互独立，通过农业遥感云服务功能，方便各类用户获取数据处理所需的各种资源，动态构建遥感数据处理流程，完成业务所需的遥感数据处理任务。

三、建设一个面向不同用户的管理与服务体系

建设统一的标准规范信息体系用于规范化农业种植与管理全生命周期服务，通过规范化标准化的数据采、存、录、管、用，利用信息共享与业务联动，支撑种植环节、业务流程、服务应用之间相互融合和贯通，实现面向政府部门提供管理决策支持、面向社会公众提供农业信息服务、面向农业行业企业提

供数字服务支撑、面向科研院所提供数据分享服务等不同用户主体的多套管理与服务体系。

四、建设一批农业遥感业务系统

采用SOA架构，建设一个易管易控的通用应用平台，基于通用服务组件，以集约化建设的方式提供可扩展的组件服务，支持农业遥感业务系统及综合服务平台应用的按需扩展。基于通用应用平台，搭建面向需求的定制化业务应用系统，满足信息化需求，并促进衍生创新应用需求，推进技术融合、业务融合、数据融合，实现跨行业、跨地域、跨领域的协同应用和服务。根据建设需求，基于统一通用应用平台，实现作物种植面积提取、作物长势监测、作物估产和农业灾害监测与预警的业务环节支持，推动农业遥感业务化应用落地。

五、建设一个综合会商与服务平台

智慧农业遥感平台业务功能系统面向农业种植户、相关农企、政府主管部门和科研院所，提供全业务链综合会商与相关决策支持服务。在建设一系列平台应用系统基础上，建设农业综合监管一张图和信息服务发布系统，完善和便利化平台数据采集、信息分享展示、信息查询及信息发布等功能。建设专家会商与决策支持系统，构建重大灾害风险预警、应急会商及综合评估会商平台，为农业农村管理部门、技术支撑部门及社会公众之间构建信息服务与交流的通道。

第二节　业务需求分析

一、数据中台业务需求

数据中台是所有农业业务服务的基础，通过数据中台，可以实现对多源异构数据的有效汇合、统一管理、统一发布，实现业务系统数据网的建设，为数据挖掘、信息提取、应用服务的开发提供服务支持。通过建设数据中台各类数据库，可通过云服务的形式为包括种植面积提取、作物长势监测、作物估产、农业灾害监测与预警等农业业务系统，农业综合监管一张图、信息发布、专家会商与决策支持等综合会商与服务系统等业务的展开提供数据协同支持，提升各类数据的应用价值，从而更好地服务于农业现代化建设。

二、遥感影像自动化处理系统业务需求

遥感数据通过辐射校正、大气校正、几何校正、图像融合、裁剪、拼接等多个过程才能实现业务利用。遥感数据处理中枢以云计算技术、分布式存储和并行计算技术为基础，可实现对海量遥感数据的高速处理和批量生产。通过建设遥感数据处理中枢，可方便各类用户获取数据处理所需的各种资源，动态构建遥感数据处理流程，完成业务所需的遥感数据处理任务。

三、多套管理与服务体系业务需求

智慧农业遥感平台面向政府部门提供管理决策支持、资源监管、管理决策、信息发布、应急会商的需求，面向社会公众

农业信息服务的需求，面向管理决策、产业应用、数据服务支撑、农业信息获取的需求，以及面向科研院所提供数据分享服务的需求，形成四套相应的管理与服务体系，满足不同用户在种植环节、业务流程、服务应用之间相互融合和贯通的需求。

四、农业业务监测系统业务需求

通过建设农业业务监测分系统建设，搭建面向需求的定制化业务系统，实现农作物种植面积、作物长势监测、作物估产、农业灾害与预警等信息化服务，同时促进技术的创新和相关算法的改进，推动农业遥感业务化应用。通过组件化、集约化的建设方式提供一种可扩展式的业务系统服务，也为后续业务系统功能的扩充和业务内容的扩展提供保障。

五、综合会商与服务系统业务需求

数据中台、遥感数据处理中枢、农业农村业务系统等一系列应用系统的建设，面向政府部门、科研机构和社会公众提供各类应用服务，在这些应用平台系统的基础上，通过构建农业农村综合会商与服务平台，完善系统信息分享与发布，构建重大灾害风险预警、应急会商等服务，为农业农村管理部门、技术支撑部门及社会公众之间构建信息服务与交流的通道。

第三节 平台用户需求分析

一、管理人员

系统管理人员主要负责整个业务功能系统的运行和维护。管理人员一般分为超级管理员和普通管理员，管理人员的职责主要是对各个分系统，包括数据中台、遥感影像自动化处理分系统、农业农村业务监测分系统、综合会商与服务分系统、平台管理分系统的运行情况监督、用户角色管理、权限管理和系统维护。

二、政府部门

包括国家、省、市、县等各级政府主管部门的领导和相关管理人员。他们的目的更多是掌握和了解辖区内的农业资源分布宏观信息，如重要粮食作物种植面积、农作物长势、农业灾害变化趋势及防治状况，粮食安全、耕地保护、农业农村产业发展的评估信息。他们利用这些信息为制定农业农村发展规划、辖区粮食保产增产统筹管理、辖区耕地保护及大范围农业灾害应急处置等宏观决策提供科学的依据，需要遥感监测平台根据生产进度，及时提供全省粮食生产信息综合分析报告或重点区域的灾情监测信息。

三、科研人员

包括开展农业科技研究的企事业单位、高校等的研究人员、学生等。科研人员更多的是需要能够快捷获取遥感影像及各级农业遥感产品，提高农业遥感数据处理效率，获取工作所需要的数据资源、服务资源，并提供相关的分析工具。科研人员一般需要有操作简单、方便的农业遥感数据采集、处理和共享的系统平台，帮助他们跨单位通过网络方便地进行学术交流、成果共享，推动学术交流创新。

四、农业金融服务企业

主要涉及开展农业种植险业务的保险公司、发放农业资源抵押贷款的银行和担保公司等。在投保或贷款抵押时，他们需要精准的田块信息或作物产量信息，以确保精准承保或有效抵押。而且，对保险公司来说，更为重要的是农业灾害发生后，他们需要快速获取发生灾害的田块分布、面积、灾害导致的标的物产量损失情况，以及损失评估精度的论证报告。

五、农业社会化服务企业

主要涉及可以提供农资、耕种托管操作和无人机植保等的农业社会化服务企业。他们一般面向整县域进行业务推广，需要县域尺度精准的农业种植和作物长势信息。以植保服务企业为例，在以县为单元开展飞机植保、人工喷药或拖拉机喷药等，需要作物的作物种植区分布、病虫害分布和等级等信息。农机服务企业，在县域内或其他地方开展农机作业，需要作物种植区分布、作物成熟度预测等信息。

六、规模化种植个人或企业

一定规模的种植大户和合作社，为实现种植价值最大化，一般需要以田块为单元的小麦、玉米、花生等作物病虫害预警和监测信息，以及作物灌溉和施肥推荐量等，以指导田间精准管理，在确保产量的基础上，减少田间投入品成本。

第四节 技术要求

智慧农业遥感平台要求安全、稳定、可靠；平台要能接入不同的部门，要求统一标准、容易扩展；逐渐成为一项独立的业务，要求系统相对集中、封闭、与外部边界清楚，最好能有独立的业务开展、高清视频监控、科普宣教场所。

本平台采用目前业界相对先进和稳定的技术，保障系统正常运行，保证系统数据存储与处理的稳定性，避免因某个服务或节点故障，影响系统运行和业务应用使用。系统要具有较强的容错能力和良好的恢复能力。平台应具备支持大规模节点部署并能稳定、可靠运行，保障未来平台安全平稳进行扩展。本项目的运行需要高可靠性、海量数据交互能力的网络交互系统和高性能、安全的数据计算机系统来支撑实现，系统的性能需求包括保证系统可以满足通常业务的数据流量和响应时间要求及系统能够承载峰值时的最大负荷。

一、平台技术指标

（1）平台基于 .NET 或 JavaEE 技术体系结构，采用 B/S 架构，所有功能子分系统定义服务提供者接口，支持第三方的服务提供者，同时支持多种操作系统。

（2）平台的管理与维护采取分级模型，支持多级的管理。

（3）采取分级授权，可以根据业务的需要灵活制定安全策略控制授权。

（4）采用灵活的基于角色的权限管理模型和集中权限控制的授权管理方式，能够显示用户当前的状态。

（5）灵活定义角色之间的继承、相容和互斥关系，授权简单、便捷，在访问控制策略上，用户可以定制不同粗细粒度的安全规则。

（6）应用集成。

①采用 ICE 远程调用框架，提供多种成熟的认证接口。

②提供多种认证接口的异构支持，包括 LDAP V3、X.509、DSML、SAML 等技术标准的服务访问接口。

③支持多种语言的接口方式，包括 Java、Python、.NET、PHP、C、C++ 等。

④单点登录从实现技术上基于 session、cookie、rewrite 技术和采用 portal 等几种方法，根据用户的情况可以选用其中的任何一种。

⑤支持 Unix、Linux、Windows 多种平台，完全支持跨平台的部署。

（7）平台性能。根据工程经验和第三方评测参数，给出平台运行环境配置的需求，以及满足其运行环境设计要求下的系统的技术性能指标。系统应达到的技术指标和参数如下。

①平台稳定性：具备每周 7 天、每天 24 小时的连续运行能力；软件系统运行稳定性优于 97%。

②响应时间：在最大并发访问情况下，100 兆矢量数据浏览的响应时间小于 5 秒。

在最大并发访问情况下，地图查询的响应时间小于 5 秒。

在最大并发访问情况下，数据分发的响应时间小于 5 秒。

（8）多平台支持。

①服务器端须适配国产信创操作系统，如银河麒麟高级服务器操作系统、腾讯云 Linux 服务器操作系统及 X86/ARM 混合架构，支持华为云 Stack/ 浪潮云海等信创云平台等。

②支持 Google Chrome（36.0 以上版本）、360（5.0 以上版本）等主流浏览器。

（9）运维管理。

①提供友好易用的界面，符合工作人员的操作习惯。

②提供历史事件、访问日志的查询和认证会话的相关操作记录（日志审计），建立完善的事后追溯机制。

（10）运行安全。

①支持系统数据实时备份。

②支持对交互信息和数据进行内容安全过滤。

③支持用户及用户组的设置。

④系统有自检和备份恢复功能，在出现程序错误操作时能够进行提示，并自动停止该操作。

（11）扩展支持。

①系统登录认证与授权支持外部接口调用（系统自身不对用户身份进行认证）。

②系统支持功能授权管理功能，即不同用户使用不同的功能，尤其应提供不同部门和不同类型用户之间数据及图形查看的权限管理功能。

二、系统性运行和响应要求

为保障系统用户体验，保证系统响应速度和用户并发访问量，本系统需要满足以下几点。

1. 系统登录认证

从提交用户名 / 服务密码到认证结果返回的请求响应时间小于 3 秒。

2. 系统首页响应

从用户发出首页请求，到首页完整展示的响应时间小于 5 秒。

3. 一般数据响应

一般数据提交的页面响应时间小于 3 秒；较复杂的需要响应时间小于 10 秒；特别复杂的小于 20 秒。

4. 同时在线数

用户同时在线数不低于 1 000，最大并发数不低于 100。

三、系统传输能力要求

1. 业务网带宽分析

以面向山东省农业遥感监测业务需求为例进行预估，每个客户端（工作站）从数据库中一次读写数据量约为 500 MB，需要在 3 分钟内完成数据读写，并发访问量最高为 500 个应用节点。

并发传输量：500 MB × 500 个应用节点

并发传输带宽需求：250 000 × 8 /（3 分钟 × 60）=11.11 Gbps

因此，业务网络核心交换采用万兆或者双千兆。

2. 高分数据接入带宽分析

要求接收节点能在 120 分钟内从高分系统完成原始影像数据接收共计 50 GB，需求吞吐能力不低于 10 Gbps，与高分系统提供万兆光纤接入。

3. 外网数据访问带宽分析

各类用户通过专网或者 Internet 访问 Web 发布数据库中的数据。预计下载农业遥感应用产品的用户最多将达到 500 个，这些下载数据量的 60% 将集中在 2 小时内完成，每个用户下载的数据量平均约为 200 M，网络传输效率以 75% 计算，则 Web 服务所需的广域网带宽为：

500 × 60% × 200 MB × 8/（2 × 3 600）/75%=88.89 Mbps

Web 发布带宽不低于 100 Mbps。

四、系统可靠性

一是应用系统保证 7 天 × 24 小时不间断运行。

二是各个服务模块需具备并发性能或主备模块，当一个服务单元出现问题时，不影响整体服务的运行。

三是主机正常运行状态下的内存利用率不大于 70%，保证系统在业务高峰时仍具有较强的抗冲击能力。

四是应用系统有 10% 资源冗余。

五、系统安全性

智慧农业遥感平台所管理的数据包括敏感的数据，同时具有公共信息发布的能力，具有一定的信息安全保护要求，一旦信息泄露或者系统被破坏，会对社会秩序和公共利益造成一定损害，但不会对国家安全造成损害。因此，在应用系统安全上充分考虑物理层、网络层、应用层和安全管理等多个方面结构与性能设计，确保系统的安全可靠运行，并在应用系统安全上应满足较高的安全防护要求。

为保证系统数据安全，系统需求配置 2 台防火墙，防火墙的需求规格为：12 个千兆电接口；12 个千兆光接口；4 个万兆 SFP+ 光口；2U 标准机架；出厂标配 1T 硬盘；冗余电源；支持两个扩展插槽；网络吞吐率 40 Gbps；并发连接数：1 300 万，每秒新建连接数 80 万。

六、系统兼容性

在本平台设计过程中，充分利用各种先进成熟的技术手段，保持系统与现有其他业务系统的业务延续性、架构一致性和技术兼容性，充分利用其他系统现有的信息资源，优化整合体系结构，并兼顾今后发展及新增类型资料信息处理的需要。同时，系统设计采用的各项设备（软件、硬件）均应符合国家、省级和行业标准，符合开放性原则，采用的各项技术要与技术潮流发展吻合，保证系统的开放性和技术延伸性，与未来的新兴技术应具有良好的亲和性。在系统建设设计中需要考虑到所支持应用对环境需求的多样性，使建成的系统能够成为一个开放、兼容和可互联的环境。

第三章　智慧农业遥感平台建设关键技术

本章介绍了智慧农业遥感平台建设的关键技术。主要包括农业数据全周期管理技术、遥感数据处理流程编排与调度技术、算法组件无缝式集成与在线更新技术、多层算力资源调度管理技术、高效美观的地图绘制技术和领导驾驶舱技术，每项技术的介绍包含了技术概述和技术实现的途径。

第一节　农业数据全周期管理技术

一、技术概述

农业遥感硬盘平台基于大数据技术的分布式数据存储平台，支持 SQL/NoSQL/ 文件存储数据库，提供农业数据全周期的统一管理。

二、技术实现途径

利用混合存储架构的分布式数据资源管理技术，结合统一数据目录索引技术，解决海量、多源、异构数据全生命周期存储管理及共享访问问题，将数据以服务方式提供给前台应用，提升业务运行效率。通过分布式数据存储结合虚拟化技术构建统一数据管理引擎，将应用程序和操作界面迁移到本地，数据的处理运算及应用服务的运行在云端，结合灵活扩展的综合索引构建技术建立全局的数据索引，实现分布式云环境下的事务管理，对数据的操作交由事务实现，提高数据访问速率。通过智能化云中台技术支撑实现对云原生数据的存储、管理、检索、发布全周期管理。

第二节　遥感数据处理流程编排与调度技术

一、技术概述

随着对地观测卫星发射技术和遥感影像获取方式的飞速发展，遥感卫星的数量和遥感影像数据都呈现出爆发式增长，卫星和载荷传感器的种类越来越多，遥感影像处理的算法也随之快速增加，并且在智慧农业遥感平台建设的功能中，使用到的算法和处理流程随着业务场景的不同也不尽相同，需要管理更新大量的遥感影像处理算法，以便于方便灵活地进行流程编排和调度监控各种遥感影像数据处理任务，并充分利用云计算、大数据、微服务等技术在集群环境中进行分布式调度各种遥感影像数据处理算法，实现快速进行海量遥感影像数据的处理。

二、技术实现途径

智慧农业遥感平台提出并实现了一种基于云原生的遥感大数据处理算法流程编排调度引擎。通过微服务自动生成与发布技术来统一封装管理算法，通过状态机服务和动态队列的设计实现流程的驱动和监控，基于 HTTP 轮询的算法任务执行模型实现流程驱动的过程完全解耦，在云环境下可以轻松扩展支撑数以万计的流程并行处理，提出的基于 XML 的遥感处理算法流程描述语言实现 Web 可视化拖拽式流程编排组件，最终实现了云上多源异构遥感数据处理流程的灵活搭建、数据快速处理、数据自动流转和任务全程监控的云上业务调度管理能力（图 3-1）。

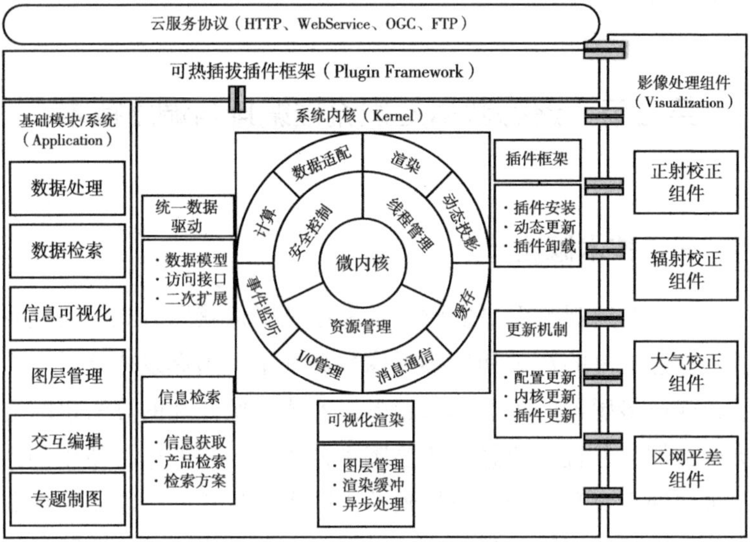

图 3-1　基于云原生的遥感数据处理流程编排与调度技术

第三节　算法组件无缝式集成与在线更新技术

一、技术概述

系统采用基于容器平台的算法组件无缝式集成与在线更新技术，它将应用程序的不同功能单元（称为服务）通过这些服务之间定义良好的接口和契约联系起来。接口是采用中立的方式进行定义的，独立于实现服务的硬件平台、操作系统和编程语言，使得构建在各种这样系统中的服务可以以一种统一和通用的方式交互（图 3-2）。

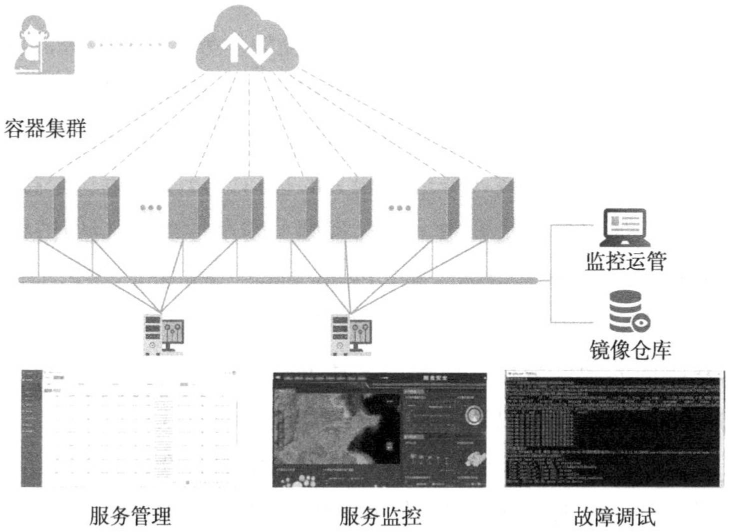

图 3-2　基于容器平台的算法组件无缝式集成与在线更新技术架构

二、技术实现途径

本技术是一种松散耦合、基于标准和独立于协议的分布式软件设计模型，是理念架构和用于构建面向最终用户提供应用程序功能的分布式系统，其核心的理念是服务。基础云平台服务系统提供多语言、跨平台、多源数据处理算法的统一打包封装规范及算法模型标准化接口，实现了算法的插件化管理和一键式部署注册，达到算法的快速集成及统一管理。算法插件化管理模块实现了算法插件的上传、更新、删除、浏览、查询、解压解析、打包及分类管理和显示等。服务之间通过简单、精确定义接口进行通信，不涉及底层编程接口和通信模型。可以看作是B/S模型、XML（标准通用标记语言的子集）/Web Service技术之后的自然延伸。

从业务角度来看，一切以最大化“服务”的价值为出发点。业务被划分（组件化）为一系列粗粒度的业务服务和业务流程。业务服务相对独立、自包含、可重用，由一个或者多个分布的系统所实现，而业务流程由服务组装而来。一个“服务”定义了一个与业务功能或业务数据相关的接口，以及约束这个接口的契约，如服务质量要求、业务规则、安全性要求、法律法规的遵循、关键业绩指标（Key Performance Indicator，KPI）等。接口和契约采用中立、基于标准的方式进行定义，它独立于实现服务的硬件平台、操作系统和编程语言。这使得构建在不同系统中的服务可以以一种统一的和通用的方式进行交互、相互理解。除了这种不依赖于特定技术的中立特性，通过服务注册库（Service Registry）加上企业服务总线（Enterprise Service Bus）来支持动态查询、定位、路由和中介（Mediation）的能力，使得服务之间的交互是动态的，位置是透明的。

该技术具备分系统化、松耦合、支持服务组合和编排等特点。

第四节　多层算力资源调度管理技术

一、技术概述

随着遥感影像获取手段和方式的飞速发展，遥感影像数据量呈现出爆炸式增长，数据更新周期也越来越短，实现海量遥感数据影像的快速处理成为急需解决的问题。本系统要求日数据处理能力 100 TB 以上，日产品生产能力 32 TB 以上，日影像产品处理能力大于 400 标准景。遥感产品的生产过程，涉及复杂的运算模型多、结构复杂、算法复杂，一个序列中存在众多同时发生的、复杂且相关的事件，需要多处理器、多系统协同工作，任务多、时间紧，如何在项目采购的硬件服务器和网络环境下进行快速自动化，并且高效生产是本系统急需解决的问题。

二、技术实现途径

为实现这个目标，本系统基于并行计算框架，考虑算法和资源分配情况，提出了基于虚拟机和容器隔离的多层算力资源调度管理技术。该技术主要包括算法模块化、算法并行化和遥感影像全流程实时可视化处理等技术。其中，算法模块化、算法并行化主要解决了快速和自动化生产的问题，遥感影像全流程实时可视化处理技术主要是解决高效生产问题，在生产过程中可以检查每一个过程的影像质量，保证生产的效率和结果。

第五节　高效美观的地图绘制技术

一、技术概述

GIS 数据大致分为栅格数据和矢量数据两类，传统渲染技术可直接通过数据结构来渲染，但 OpenGL 只提供了有限的图形操作接口，如果要对地图进行正确的渲染，原有接口是远远满足不了要求的。如果渲染一幅美观兼效率极高的地图，需要使用大量的渲染处理技术。

二、技术实现途径

1. 多级瓦片缓存策略

传统GIS地图渲染时，首先是遍历各个图层，通过范围查询数据源，对每一层查询结果顺序渲染，最终把渲染好的地图显示在屏幕或其他设备上。每次地图操作都会重复该过程，当对象较多时，实时浏览地图就会出现卡顿的情况，对地图浏览效果造成极大的影响。

通过对GIS渲染流程的理解和梳理，针对影响地图浏览的关键地方进行重新设计，以满足高效的用户体验。对于GIS地图数据查询时，使用瓦片缓存策略存储GIS数据，以提高数据的检索效率，同时有益于数据的发布和更新。对于地图显示时，使用多级缓存策略，首先对整个地图按分辨率分级，对每级数据按地图范围分网格，这样地图就可以按网格显示，进而在地图显示时可以应用多级缓存策略。

显示时首先从GPU中寻找对应的瓦片：如果GPU中没有，检索内存缓存中的瓦片，内存中有瓦片，就加载到GPU中；如果内存中没有，就去本地瓦片缓存文件夹中加载瓦片，再通过相应的缓存算法，放入缓存列表中。整个缓存的显示流程大致如图3-3所示。

通过以上缓存策略优化，使地图显示查询效率得到进一步提高，显示时缓存列表中缓存了多级瓦片，在地图平移和缩放过程中，配合使用多级瓦片查找和显示策略，最终地图达到无缝实时漫游的效果。

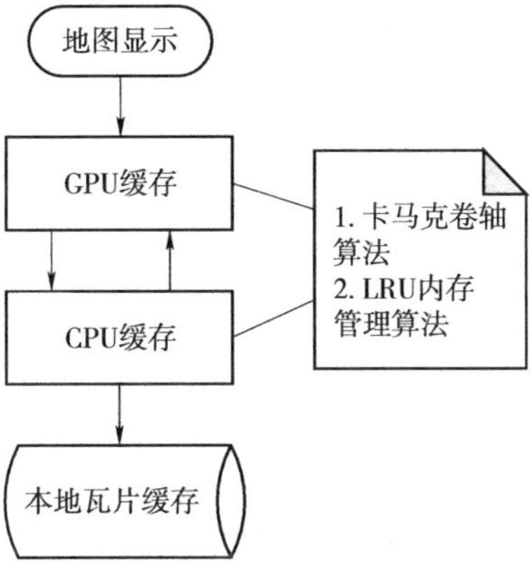

图 3-3　缓存显示流程

2. 卡马克卷轴算法

卡马克卷轴是一种经典的地图缓冲绘制技术，可有效地改善在地图绘制中的屏幕闪烁、帧数过低等情况。可以使用在性能受到限制的手机上，以提高地图显示质量，防止屏幕闪烁。

如图 3-4 所示，地图平移时，需要刷新整个显示区域以重新加载地图内容，那么如果重绘所有屏幕区域，很明显，大部分地图区域都是和上一屏幕区域相同的，如此就造成了资源的浪费。而卡马克卷轴算法的思路就是——如果上一次绘制过的地图部分可以在下一次底图绘制工作中直接复用。区域 B 为相同的地图区域，这个区域在下一次屏幕重绘时，可以被重新利用。区域 A 是在下一次屏幕重绘中不被采用的区域，这区域应当被舍弃，但是如果稍微留意一下的话，不难发现区域 A 和区域 C 的面积大小其实是一样的。

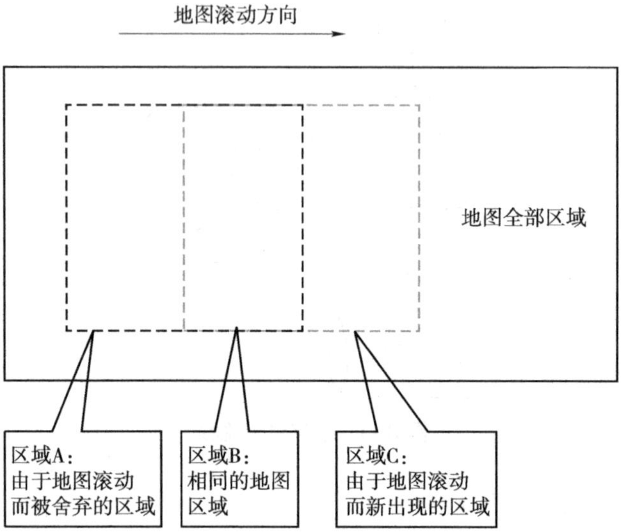

图 3-4　卡马克卷轴算法

那么如果建立一个和屏幕大小相同的缓冲，在其被舍弃掉的绘制区域 A 中画上新的区域 C，再把区域 B 和区域 C 拼合到屏幕上，就能达到减少系统资源消耗的目的，卡马克卷轴的基本原理正是基于此目的。

图 3-5 显示了卡马克卷轴的最基本原理，首先在内存中建立一块和屏幕一样大小（或略大）的缓冲区。然后在本应由于地图移动而被舍弃掉的区域 1 上面绘制，由于地图滚动而出现的新地图区域。最后把两个区域按照地图的实际位置拼合到屏幕上。

由图 3-6 可以看到，区域 D 为相同的地图区域，这个区域在下一次屏幕重绘时，可以被重新利用。区域 A、B、C 是在下一次屏幕重绘中不被采用的区域，可以在这 3 个区域上绘制上下一次需要重绘的区域 A、B、C。再将绘制好的 4 个区域拼合到屏幕的对应位置。

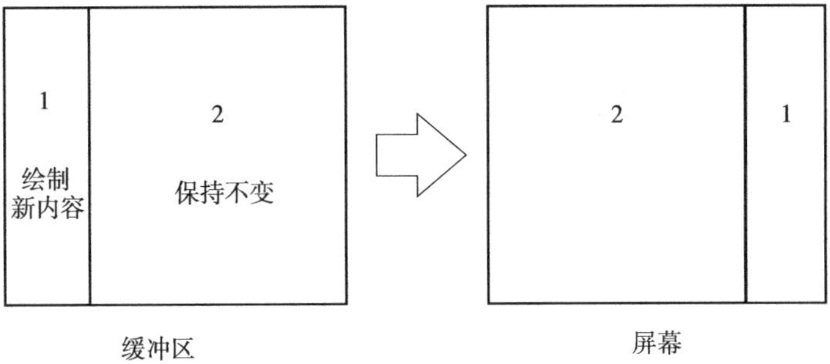

图 3–5　卡马克卷轴示意图（一）

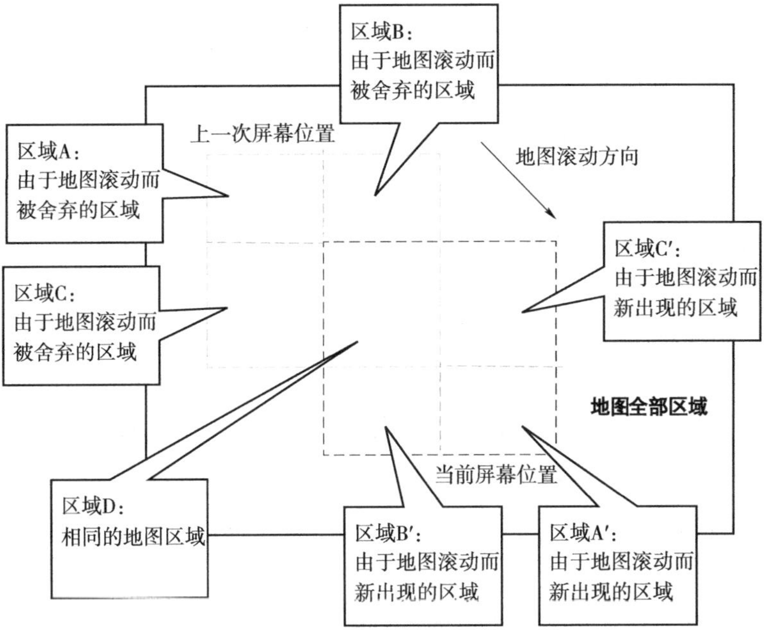

图 3–6　卡马克卷轴示意图（二）

图 3-7 显示了 x&y 双轴滚动的卡马克卷轴的基本绘制原理，需要特别注意的是：在缓冲区的绘制顺序和在屏幕上拼合的顺序是完全相反的。

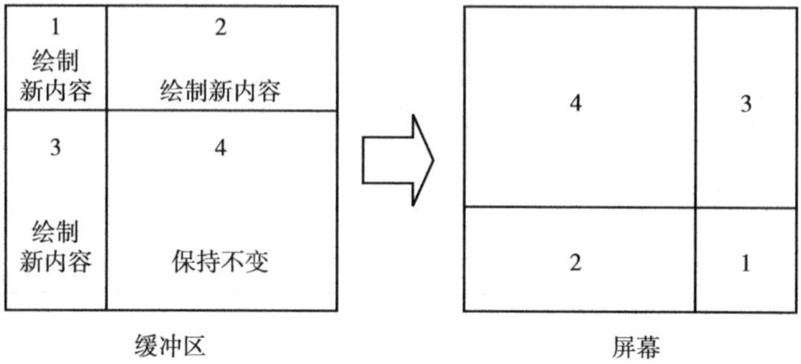

图 3–7　卡马克卷轴基本绘制原理

3. LRU 内存管理算法

LRU 是 Least Recently Used 的缩写，即最近最少使用页面置换算法，是为虚拟页式存储管理服务的，是根据页面调入内存后的使用情况进行决策的。由于无法预测各页面将来的使用情况，只能利用“最近的过去”作为“最近的将来”的近似，因此，LRU 算法就是将最近最久未使用的页面予以淘汰。

可以用一个特殊的栈来保存当前正在使用的各个页面的页面号。当一个新的进程访问某页面时，便将该页面号压入栈顶，其他的页面号往栈底移，如果内存不够，则将栈底的页面号移除。这样，栈顶始终是最新被访问的页面的编号，而栈底则是最近最久未访问的页面的页面号，图 3–8 是该算法的流程示意图。

对于瓦片缓存，同样可以采用这种算法。缓存中的每一张瓦片都被记录下未使用的时间和次数，从而决定是否将其换出以加载新的瓦片。通过这种方式，实现地图多级瓦片的缓存和管理。

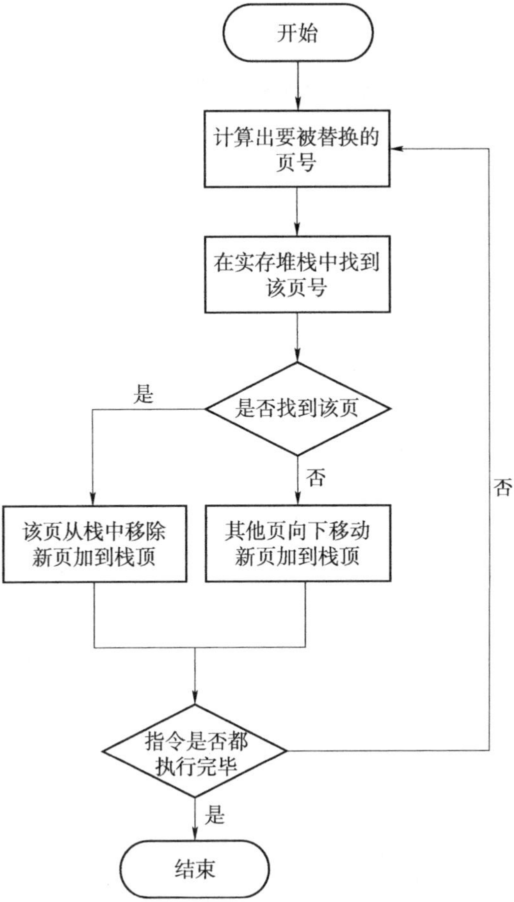

图 3–8　LRU 算法流程

以上两种缓存策略，在地图显示过程中可以配合使用，LRU 算法适合简单的栅格瓦片缓存，一般开辟内存或显存较大，适合高配置设置使用；卡马克卷轴算法适合占用内存大的缓存对象使用，由于显示时缓存对象的数量是由屏幕的分辨率决定的，所以占用内存和显存的空间可控，应用范围稍广。

第六节 领导驾驶舱技术

一、技术概述

领导驾驶舱模块可实现基于多源农业遥感监测历史数据和实时监测数据的各类统计、分析结果的可视化展现，为领导决策提供辅助。

二、技术实现途径

驾驶舱系统中最基础、最核心的技术是数据仓库技术，数据仓库的数据量比传统数据库要庞大得多，主要用于数据分析与数据挖掘，数据仓库建模方式的选择会直接影响系统的响应效率。企业级数据仓库的应用是从多种数据源采集数据，经过清洗、转换后加载到数据仓库中进行存储，用户在此基础上建立分析和应用。企业数据仓库的数据源分为3种：业务系统数据、文档数据和外部数据。其中，业务系统数据是指企业各系统中的基础数据；文档数据是指办公过程中产生的电子文档中的数据；外部数据则是指来自同行业、监管协会、互联网等的数据。

数据管理与存储是数据仓库的核心，元数据记录了数据仓库内的数据结构，是对数据仓库本身信息的描述，因此元数据管理贯穿数据仓库的整个生命周期。数据仓库的建立是为了给用户提供数据分析和数据挖掘的基础，用户可以在数据仓库的基础上部署许多应用，如多维数据分析和数据挖掘应用。

联机分析处理（On line Transaction Processing，OLAP）是

支持复杂多维分析操作的数据分析工具，通过 OLAP 与用户进行交互，为用户提供多维数据分析视图，帮助企业获得经营管理的相关信息，OLAP 是驾驶舱系统在数据仓库的基础上要实现的主要功能。OLAP 是使分析人员或执行人员能够从多角度对反映业务维度特性的信息进行快速、一致、交互的存取，从而深入理解数据的一类软件技术，其目标是满足决策支持或多维环境下特定查询需求，满足快速性、可分析性、多维性和信息性的特性。OLAP 的基本操作包括对多维数据的切片与切块、上钻与下钻、旋转等。切片是指在多维数据集上选择一个维度的操作，切块是指在多维数据集上选择一个三维子集的操作，切块可以看作由多次切片叠加而成。上钻和下钻都属于钻取操作，通过改变维的层次和分析的粒度获取不同类型数据。上钻是通过去掉细节，得到概括性的数据；下钻操作与上钻操作互为逆操作，沿着维的分层向下细分，得到精确的细节数据。旋转是一种基于视图的操作，通过变换多维数据集显示的维方向，对立方体重新定位，得到不同角度的数据。

第四章　智慧农业遥感平台总体设计

本章介绍了智慧农业遥感平台的总体设计。首先介绍了平台建设需具有先进性、可靠性、实用性、安全性、易使用性、开放性、有限开源性、可扩展性和可维护性的原则；其次介绍了总体架构设计，包括数据标准规范、系统安全保障体系、基础设施层、数据资源层、应用服务支撑层、数据处理中心、业务应用层、平台管理和用户交互层；再次介绍了总体业务流程；最后介绍了技术架构设计，包括总体技术架构、遥感影像自动化处理技术架构、数据中台功能流程设计和架构可拓展性设计。

第一节　平台建设原则

平台建设将遵循先进性、可靠性、实用性、安全性、易使用性、开放性、有限开源性、可扩展性和可维护性等原则。

一、先进性

采用当今主流技术，既要考虑应用平台和工具的先进，更要考虑系统结构和应用设计的先进性，以适应宏观上业务管理、发展规划和微观上事务办理的需求。

二、可靠性

系统设计采用成熟、稳定、可靠的软件技术，保证系统在大数据量、高并发的情况下长时间不间断地安全运行。

三、实用性

根据业务需求和业务流程，从方便用户使用的角度进行系统设计、功能和分系统划分。工作流程设计要求简捷流畅，能适应工作流不稳定和突发事件等各种现实情况。

四、安全性

系统建设要符合用户对信息安全管理的要求，建立完善可靠的安全保障体系，对非法入侵、非法攻击和网络计算机病毒应具有很强的防范能力，确保系统具有严格的身份认证功能，并有相应的技术手段对数据安全和操作安全加以保护。

五、易使用性

主要体现在两个方面：一是应用界面简捷、直观，尽量减少菜单的层次和不必要的点击过程，使用户在使用时一目了然，便于快速掌握系统操作方法，特别是要符合工作人员的思维方式和工作习惯，方便非计算机专业人员的使用；二是应提供联机的或脱机的帮助手段。

六、开放性

为了使平台具有较强的生命力和开放性，应遵循已有的国际标准和国内标准，以便于采用多种先进技术和产品。

七、有限开源性

随着业务逻辑的改变，需要对平台进行维护、微调或二次开发。对该系统的非核心代码，应该开放，并提供规范的数据库设计，接口规范。

八、可扩展性

该大数据平台处于不断发展的状态，在平台设计时要考虑到新技术、新产品出现时对本系统的兼容性；当业务需求、外部环境发生变化时，可以扩展系统的功能和性能。软件设计简明，各功能分系统间的耦合度小，以适应业务发展需要，便于系统的继承和扩展。

九、可维护性

平台应具有良好的结构，各个部分应有明确和完整的定义，使得局部的修改不影响全局和其他部分的结构及运行。

第二节　总体架构设计

智慧农业遥感平台业务功能系统总体架构主要包括数据标准规范体系、安全保障体系等基础体系，以及基础设施层、数据资源层、应用服务支撑层、数据处理中心、业务应用层、平台管理和用户交互层（图 4-1）。

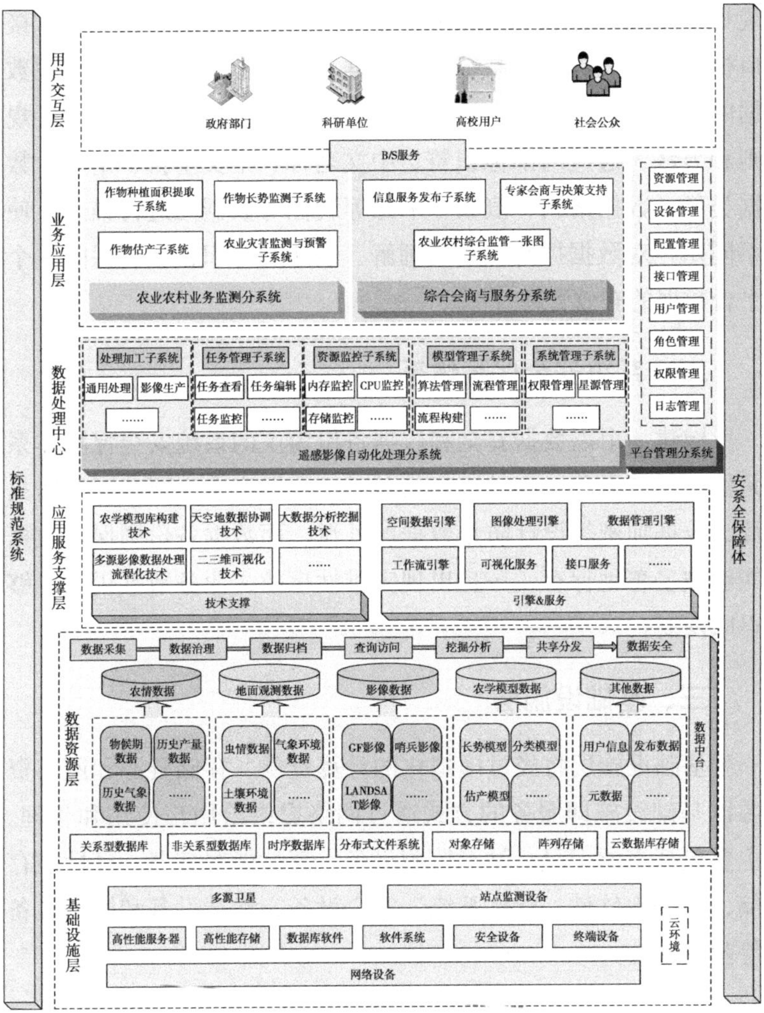

图 4–1　系统总体架构

一、数据标准规范

按照“五统一”的原则，即统一指标体系、统一文件格式、统一分类编码、统一信息交换格式、统一名词术语，集中力量，规划和编制智慧农业遥感平台建设项目所涉及的应用标准、接口标准和编码标准。制定系统数据标准规范，包括所有相关数据的基本概念和结构、元数据的表示规范及特定属性的设计规则和方法，通过内部标识符、中文名称、中文全拼、定义、数据类型、数据格式、值域、来源等属性对数据元进行描述，使不同用户对数据拥有一致的理解、表达和标识，从而保障整个平台数据的有效管理。

二、系统安全保障体系

构建一个以数据安全和数据备份为主的系统安全保障体系是保证系统平稳、高效运行的基础。数据安全主要是通过防火墙、数据加密等设计防止数据的外泄，而数据备份则保证数据能够被妥善地保存，一旦出现灾难性事故，业务数据仍旧能够得以恢复。

三、基础设施层

基础设施层将经过虚拟化的计算资源、存储资源和网络资源以基础设施即服务的方式通过网络提供给用户使用和管理。主要包括多源卫星、站点监测设备、高性能服务器、高性能存储、数据库软件、软件系统、安全设备、终端设备和网络设备等基础设施。

四、数据资源层

数据资源层包括基础数据、农情数据、运维管理数据和模型数据等。数据利用关系型数据库、非关系型数据库、时序数据库等数据库类型通过分布式文件系统、对象存储、阵列存储、云数据库存储等方式进行存储。基础数据层包括农情数据库、地面观测数据库、影像数据库、农学模型数据库、其他数据库等。在此基础上实现对所有数据的数据采集、数据治理、数据归档、查询访问、挖掘分析、共享分发、数据安全等功能，为整个平台的业务应用提供数据管理支撑。系统通过数据层来实现数据的调用，数据库中存储的数据包括二进制文件、文本文件或 XML 文件等。

五、应用服务支撑层

该部分是整个管理系统的核心层，发挥数据和业务的控制功能，为系统提供统一的、标准的、可靠的组件共享功能。主要涉及技术支撑，包括农学模型库构建系统、天空地数据协调技术、多元影像数据处理流程化技术、二三维可视化技术等；引擎和服务，包括空间数据引擎、图像处理引擎、数据管理引擎、工作流引擎、可视化服务、接口服务等，为管理系统提供配置管理、基础功能服务和接口服务等支持。

六、数据处理中心

该部分为系统的运行提供数据支持。数据处理中心主要包括数据处理加工、任务管理、资源监控、模型管理、系统管理等功能，通过构建开放式服务元素容器技术和遥感云数据处理平台，使计算设备、数据资源、算法模块库和业务应用相互独立，用户可根据业务需要，动态构建遥感数据处理流程，完成业务所需的遥感数据处理任务。

七、业务应用层

业务应用层包括农业农村业务监测和综合会商与服务两大业务分系统。农业农村业务监测分系统实现农作物种植面积提取、作物长势监测、作物估产、农业灾害监测与预警等业务应用，综合会商与服务分系统实现信息发布服务、专家会商与决策支持、农业农村综合监管一张图等业务应用。业务应用子系统通过共享组件层与基础数据层进行基础和业务数据的交换。业务应用层是系统架构中系统核心价值的体现。它主要关注业务流程的实现、业务规则的制定等与业务需求有关的系统设计，即它与系统所对应的领域逻辑有关。

八、平台管理

平台管理是主要负责服务平台的管理维护，其功能分系统主要包括资源管理功能、设备管理功能、配置管理功能、接口管理功能、用户管理功能、角色管理功能、权限管理功能及日志管理功能等。平台管理可满足平台应用服务与用户的需求，且在提供服务时，实现资源的高效利用与系统的稳定运行。

九、用户交互层

用户交互层是人机交互的接口。平台分别针对政府部门、科研院所和社会公众提供服务访问接口，并且能够根据不同用户发出的消息将服务处理结果返回给客户端，实现数据访问与执行的分离，可以快速响应农业产业链业务流程的变化，满足种植业产业不断变化和扩展的需求及异构环境下跨平台业务集成的需要。

第三节　总体业务流程

总体业务流程：系统通过数据采集或录入原始数据，通过遥感影像生产平台自动化处理，经过数据库存储，数据发布，按业务平台所需将对应数据进行发放，实现业务系统的对应功能（图 4–2）。

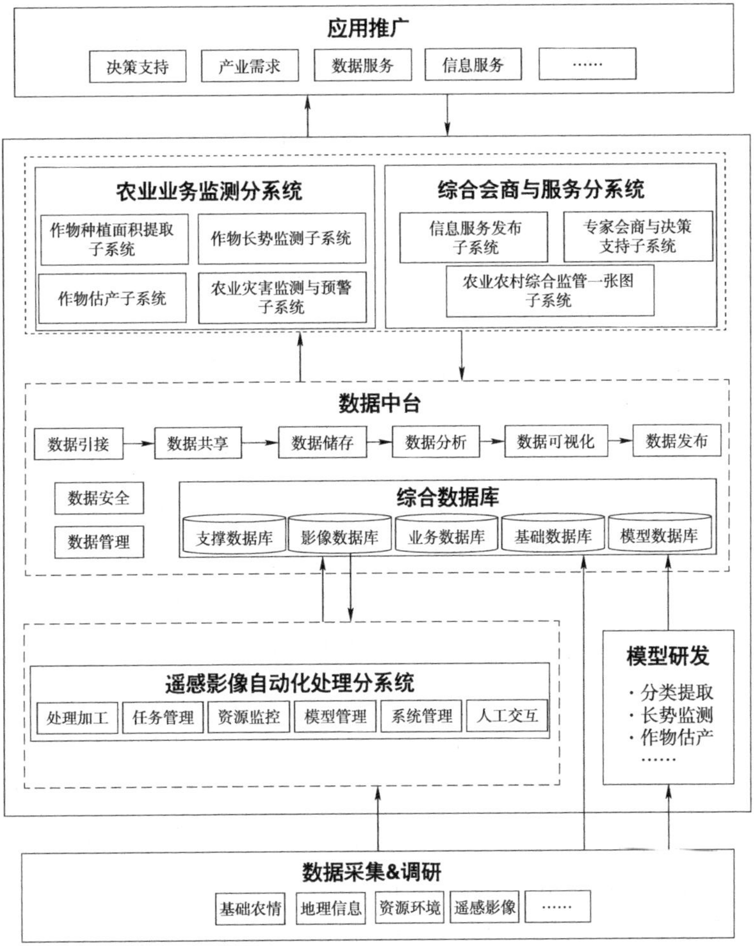

图 4–2　总体业务流程

第四节　技术架构设计

一、总体技术架构

平台技术架构采用虚拟化、弹性化、服务化的设计思想，按照体系进行设计，分为基础层（IaaS）、数据层（DaaS）、平台层（PaaS）、软件层（SaaS），并通过贯穿多个层次的管理与调度系统实现各层之间的协同工作。实现平台的应用集成，为各业务应用提供数据资源服务和功能服务。

本项目基础支撑层，包括计算资源池、存储资源池、网络资源池。基础平台包含用户管理、负载均衡、云监控、资源服务管理等功能，主要针对底层的软硬件进行总体的管理和调度。依托基础支撑层建立农业农村大数据库，实现对农业农村大数据的存储、管理、加工、分析、挖掘，支撑各类应用，更高效地为政府各级部门、企业和社会公众提供基础地理、遥感影像、农业气象等服务。应用支撑平台提供的云服务包括通用服务、专业数据库管理平台、GIS 支撑平台。应用支撑平台用于支撑整个业务平台融合，为了使大数据中心上连业务应用平台，下接数据汇聚与已有的信息化进行数据采集。应用支撑平台以微服务架构提供一套统一的服务组件，包括业务平台需要使用的关系数据库、工作流、消息队列、消息通知、任务调度、报表服务等，以及应急行业特点的空间数据存储服务、OGC 地图发布服务、空间检索、空间计算、空间分析、可视化引擎等。另外，为了让系统统一集成，提供快速开发框架及单点登录系统用于统一构建业务系统，保证业务系统风格统一，集成方便。最后是开发大数据和机器学习组件，包含实时数据传输、NoSQL 计算引擎、全文检索、机器学习算法库、深度学习算法库等。这样可以保证数据从数据库中获取之后，可以通过业务选择算法进行模型训练。这样业务平台和大数据中心的数据出入口以各种服务的形式进行了融合。平台服务层通过 Restful API、WMS、WFS、WCS、WPS 等协议为 SaaS 层提供应用支撑。应用服务层主要为最终用户提供应用框架模板服务、通用服务等。提供的应用主要包括遥感影像自动化处理分系统、农业农村业务监测分系统、综合会商与服务分系统。项目技术架构设计层次清晰，结构合理，分层架构通过对关注点的分离有利于分化系统的复杂性，提高系统的可扩展和可维护性（图 4-3）。

（1）建设多源异构数据统一交换引擎，支持 NAS、API、WebService 等多种数据源进行一体化设计，从而构建统一数据获取和分发能力。

（2）建设统一存储管理，针对不同的数据类型，提供数据库、分布式文件存储等多种方式存储方式。结构化数据存储在数据库里，非结构化数据如影像产品和切片产品存储使用分布式文件存储。MYSQL 关系型数据库负责存储结构化数据和非结构化数据元数据信息；Redis 非关系型数据库主要负责存储集群计算管理节点和计算节点信息，存储任务调度信息和节点状态反馈信息；分布式文件存储采用磁盘分布存储，使用 NAS 文件系统。

（3）建设多异构数据统一读取引擎，研制针对数据库的连接池工具包、针对自动以数据读取的类键值系统连接池工具包、针对分布式文件 HDFS 读取协议的文件库工具包，最终提供结构化数据、非结构化数据的统一读取解析。

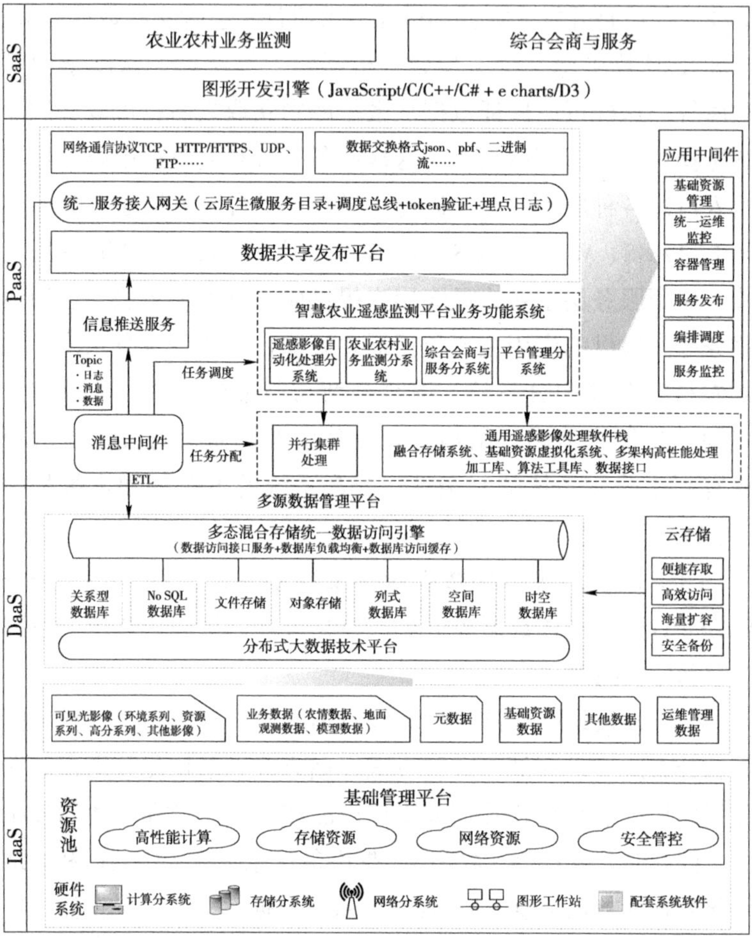

图 4–3　总体技术架构

（4）使用 Redis 构建任务管理控制引擎，基于 ActiveMQ 实现进程控制及消息通信，并构建统一监控系统，实现对系统资源状态、任务调度状态、算法执行状态等的统一监控。

（5）建设分布式计算框架，面向空间地理数据处理、进程控制及消息通信等多种场景，构建并行调度计算环境，实现对结构化数据、非结构化数据的分布式处理；基于分布式计算框架构建分布式分析组件，包含数据处理服务组件、影像产品生产组件、参数产品生产组件、质控与精度评估服务组件等，为上层应用提供稳定、快速响应的计算和处理服务。

（6）服务层针对多终端的应用需求，构建基于 J2EE 的 Web 引擎、遥感图像处理引擎、数字地球引擎、GIS 引擎；支持 Http、WebService、OGC、API 等多种协议；提供负载均衡、访问控制、授权管理、行为记录、WEBGIS 服务、分布式遥感分析服务、插件服务等一系列服务能力，供不同种类的终端使用。

二、遥感影像自动化处理技术架构

（1）建设多源异构数据统一交换引擎，支持 NAS、API、WebService 等多种数据源进行一体化设计，从而构建统一数据获取和分发能力（图 4-4）。

（2）建设统一存储管理，针对不同的数据类型，提供数据库、分布式文件存储等多种方式存储方式。结构化数据存储在数据库里，非结构化数据如影像产品和切片产品存储使用分布式文件存储。MYSQL 关系型数据库负责存储结构化数据和非结构化数据元数据信息；Redis 非关系型数据库主要负责存储集群计算管理节点和计算节点信息，存储任务调度信息和节点状态反馈信息；分布式文件存储采用磁盘分布存储，使用 NAS 文件系统。

（3）建设多异构数据统一读取引擎，研制针对数据库的连接池工具包、针对自动以数据读取的类键值系统连接池工具包、针对分布式文件 HDFS 读取协议的文件库工具包，最终提供结构化数据、非结构化数据的统一读取解析。

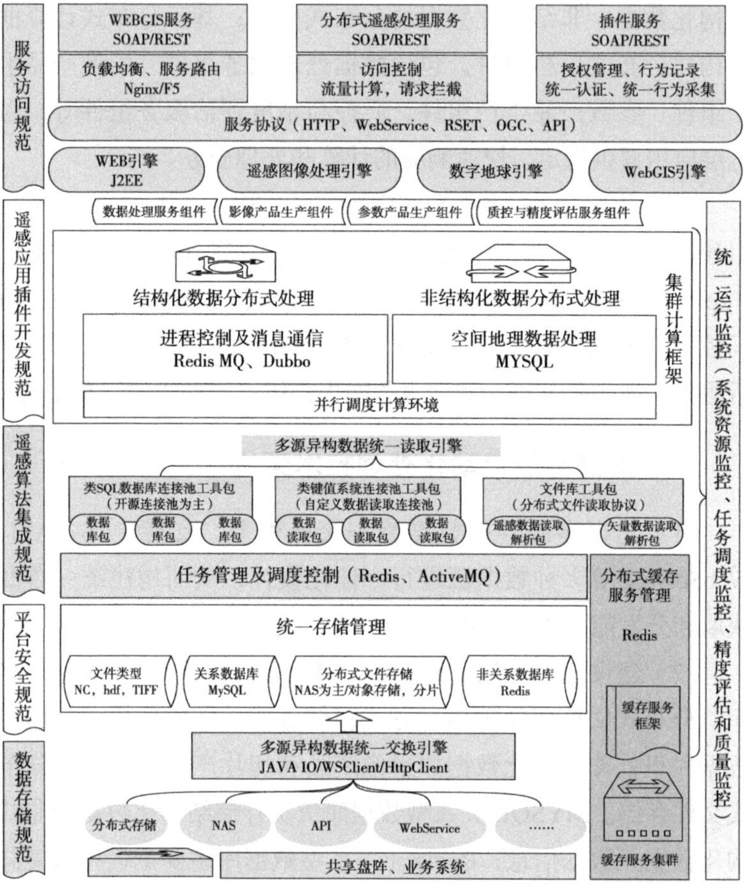

图 4–4 遥感影像自动化处理技术架构

（4）使用 Redis 构建任务管理控制引擎，基于 Active MQ 实现进程控制及消息通信，并构建统一监控系统，实现对系统资源状态、任务调度状态、算法执行状态等的统一监控。

（5）建设分布式计算框架，面向空间地理数据处理、进程控制及消息通信等多种场景，构建并行调度计算环境，实现对结构化数据、非结构化数据的分布式处理；基于分布式计算框架构建分布式分析组件，包含数据处理服务组件、影像产品生产组件、参数产品生产组件、质控与精度评估服务组件等，为上层应用提供稳定、快速响应的计算和处理服务。

（6）服务层针对多终端的应用需求，构建基于J2EE的Web引擎、遥感图像处理引擎、数字地球引擎、GIS引擎；支持Http、WebService、OGC、API等多种协议；提供负载均衡、访问控制、授权管理、行为记录、WEBGIS服务、分布式遥感分析服务、插件服务等一系列服务能力，供不同种类的终端使用。

三、数据中台功能流程设计

数据中台通过数据采集系统获取数据，利用分布式文件系统对采集的影像数据、地面观测数据、业务信息数据等数据进行存储，构建关系型数据库，针对现有数据利用科学的数据分析方法进行分析并实现数据可视化。针对农业信息化数据，也可为利用深度学习等方式实现数据探索和发掘应用提供接口和数据保障（图4-5）。

图4-5 数据中台流程设计

四、架构可扩展性设计

架构可扩展架构的核心思想是模块化，并在此基础上，降低模块间的耦合性，提供模块的复用性，也使系统服务很容易地进行扩展，以响应对网络、处理数据、数据库访问或日益增长的文件系统资源需求。本系统通过模块化、组件化的设计思路，把庞杂系统拆分成独立、单一职责的模块。

（一）使用分布式消息队列降低耦合性

本系统模块之间不存在直接调用关系，新增或修改模块对其他部分的影响最小，扩展性更好。

1. 事件驱动架构

消息队列基于发布—订阅模式工作，消息发送者发布消息，一个或多个消息接收者订阅消息。消息发送者把消息发送至分布式消息队列后就处理完毕，然后由消息订阅者从消息队列中获取消息进行处理。对于新增的业务，只要对某个消息感兴趣，就可以订阅该消息，而这对原有的系统和业务没有任何影响，从而实现系统的可扩展性设计。

消息接收者还可以对收到的消息再构造，定义出一个新的消息类型，然后再把消息发送给订阅了这一新消息类型的接收者。所以基于消息对象的事件驱动架构可以是一系列的流程。

因为消息发送者无须等待就可以返回，所以系统具有更好的响应时间；而且在访问高峰，消息可以暂存于消息队列中，从而减轻了数据库的存储负载压力。

2. 分布式消息队列

队列是一种先进先出的数据结构，可以把消息队列部署到独立的服务器中。应用通过远程访问接口使用消息队列，进行消息的存取操作，从而实现分布式的异步调用。

在伸缩性上，只需要通知生产者服务器更改消息队列的服务器列表。在可用性上，如果内存队列满了，要将消息写入磁盘，这样当消息推送模块把内存队列中的消息处理完毕后，就会把磁盘中的消息加载到队列中继续处理。

（二）使用分布式服务构建可复用的业务平台

分布式服务可以通过接口降低系统的耦合性，不同的子系统之间通过相同的接口描述调用服务。所以要做拆分，把模块独立部署，降低系统的耦合性。

1. 分布式服务的要求

（1）负载均衡。对于服务请求者能够使用可配置的负载均衡算法来访问热门服务。

（2）失效转移。分布式服务框架检测到某个服务不可用时，就会切换到其他服务实例上，保证整体高可用。

（3）高效的远程通信。

（4）整合异构系统。

（5）对应用最小侵入。分布式服务框架支持服务（服务模块需要既支持集中式部署，又支持分布式部署）的渐进式演化和反复。

（6）版本管理。服务提供者升级发布接口新版本的同时，还会继续支持旧版本的服务，直到请求者调用的接口升级后，才会关闭旧版本的服务。

（7）实时监控。监控服务提供者和调用者的各项指标，提供运维与运营的支持。

2. 分布式服务框架设计

本系统通过服务注册中心加载服务提供者列表，然后根据配置的负载均衡策略把服务调用请求发送到某台服务提供者的服务器。如果服务调用失败，客户端模块会自动从服务提供者列表中选择一个可以提供同样服务的服务器重新请求，即自动失效转移，保证服务的高可用。

（三）可扩展的数据结构

使用数据库技术可以做到可扩展的数据结构设计。只需要指定的名字，即可创建表。字段可以在写入数据时再指定，通过这种方式，一张表可以包含数百万个字段。这就使得应用的数据结构可以随意扩展，只需要指定任意字段名称和值即可查询。

第五章 智慧农业遥感平台数据中台建设

本章介绍了智慧农业遥感平台数据中台建设，包括数据中台概述和组成两部分。通过各业务数据库的建设，实现各类数据信息的汇集，以实现数据信息的统一管理、调度和协同工作，为使用者提供全面、精准、动态的信息服务。

第一节 数据中台概述

建立面向遥感农业应用的数据中台，通过数据中台各类业务数据库的建设，实现基于云服务的农业遥感、地块、作物物候、气象等数据汇聚，并支撑信息资源的数据共享与交换，实现相关数字化信息资源的统一管理、调度、协同工作与展示，提供数据共享服务和产业链联动支撑，为各农业企业、管理决策层及农业科研人员提供全面、精准、动态的信息服务。以地理空间位置为基础，通过集约化采集、网络化汇聚及统一化管理，整合基础时空信息资源和行业时空信息资源，构建全面、海量的智慧农业信息时空数据信息资源体系，实现跨企业跨产业的农业遥感数字信息共享与协同。

第二节　数据中台组成

数据中台由数据采集录入子系统、数据管理子系统和综合数据库组成，数据中台组成如图 5-1 所示。

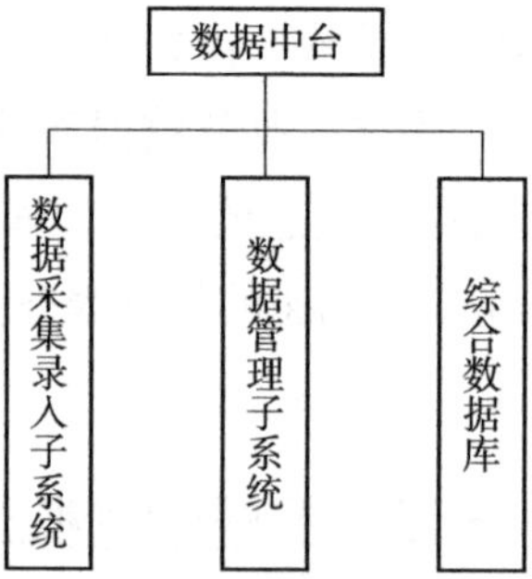

图 5-1　数据中台组成

一、数据采集录入子系统

（一）子系统概述

数据采集录入子系统，基于智慧农业遥感平台业务体系所需的数据清单，通过多种手段进行农业业务数据采集，采集数据方式包括卫星影像数据接收，地面观测数据接收，以及面向相关人员进行文本、图片、视频等相关数据的采集，并对信息进行逐级汇总、查询、审核、统计分析，为业务功能系统提供数据基础和保障。采用时空数据管理引擎，通过继承派生技术，封装和扩展多种数据源支持，支持插件式扩展，支持更多种类型的数据库。

（二）子系统组成

数据采集录入子系统由采集需求定制、影像数据引接、地面观测数据采集、业务信息采集、信息统计分析、信息审核、信息查看及导出模块，子系统组成如图 5-2 所示。

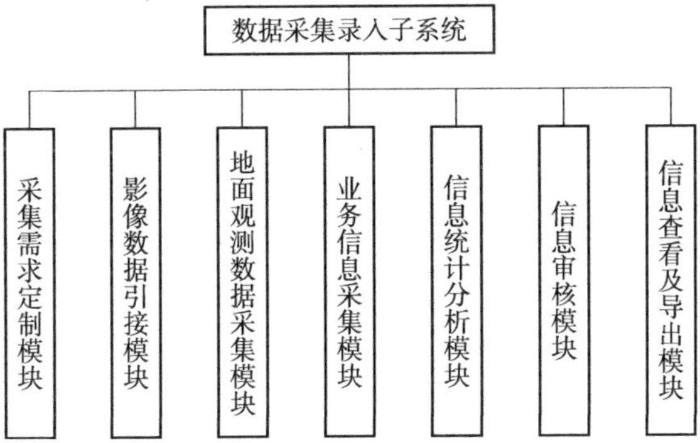

图 5-2　数据采集录入子系统组成

1. 采集需求定制模块

根据录入信息的不同，可以选择不同的模板，也可以根据点位类型与模板自动关联；采样信息模板可修改和扩展。采集需求定制模块包括模板选择与修改功能和模板下载与数据上传功能。

2. 影像数据引接模块

业务功能系统以高分系列影像数据作为各个业务平台的基础数据，具备从外部卫星数据汇集引擎引进影像数据的能力，并根据影像数据完成数据归档。影像数据引接模块由影像数据引接功能和数据归档功能组成。

3. 地面观测数据采集模块

地面观测数据采集功能支持对地面观测数据采集及归档，

地面观测数据包括虫情信息数据采集录入、气象环境数据采集录入、土壤环境数据采集录入、外业采样数据采集录入和农情调研数据采集录入等。

4. 业务信息采集模块

对农业业务信息数据进行采集，采集的数据包括但不限于作物种植面积数据、作物产量数据、农业灾害数据和作物种植分布数据等，支持对文字、照片和视频等不同类型的业务信息进行采集。

5. 信息统计分析模块

信息统计分析模块支持统计数据中台的各项数据，包括影像数据信息统计分析、地面观测数据统计分析、业务信息数据统计分析等功能。

6. 信息审核模块

平台管理员或授权用户可以利用该功能对采样信息进行审核操作，审核后结果，采样单位可以看到；审核后信息有标记，便于后续继续审核；审核不合格的，重新采集。

7. 信息查看及导出模块

信息查看及导出模块支持相关人员对信息进行查看和导出操作，导出包括规定格式（采样记录表）和 Excel 格式等。

（三）子系统流程

数据采集录入子系统流程如图 5-3 所示。

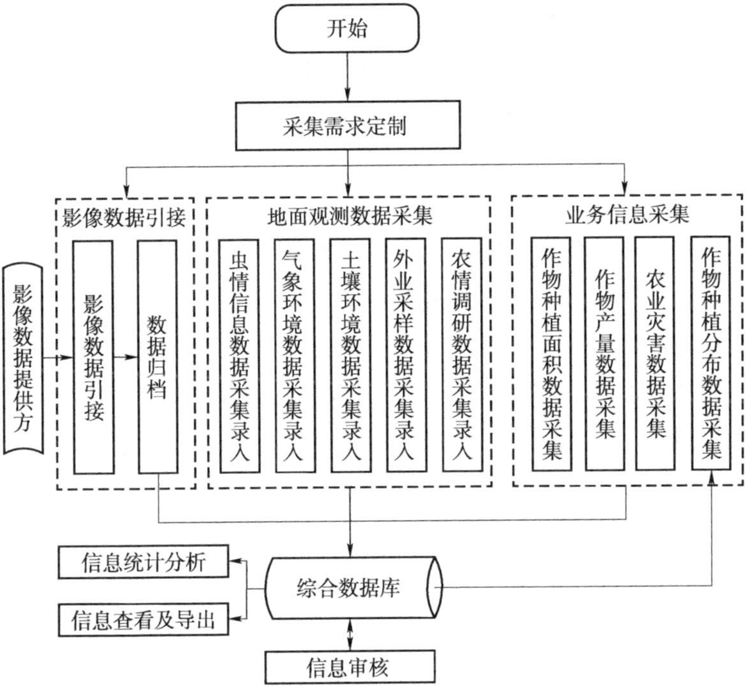

图 5-3　数据采集录入子系统流程

1. 影像数据引接

平台具备从影像数据提供方接入高分系列影像数据的能力，完成影像数据引接之后，进行数据入库，便于数据处理。

2. 数据归档

数据归档功能能够对从影像数据提供方接入的高分系列影像数据进行数据归档，实现影像数据的管理，归档的数据可以进行信息统计分析、信息审核和信息查看及导出。

3. 虫情信息数据采集录入

虫情信息数据采集录入功能，实现对虫情信息数据的编号、采集时间、采集区域、位置信息、作物类型、虫害名称、虫害个数和缩略图等的采集录入，虫情信息采集支持从物联网设备直接获取，录入后的数据进入综合数据库。与此同时，采集录入的虫情信息数据可以进行信息统计分析、信息审核和信息查看及导出。

4. 气象环境数据采集录入

气象环境数据采集录入功能，实现对气象环境数据的编号、采集时间、采集区域、位置信息、空气温度、空气湿度、光照度、降水量、风速和风向等数据的采集录入，气象数据的采集支持从物联网设备直接获取，录入后的数据进入综合数据库。与此同时，采集录入的气象环境信息数据可以进行信息统计分析、信息审核和信息查看及导出。

5. 土壤环境数据采集录入

土壤环境数据采集录入功能，实现对土壤环境数据的编号、采集时间、采集区域、位置信息、土壤温度、土壤湿度、土壤含水率和土壤 pH 值等数据的采集录入，土壤环境数据采集支持从物联网设备直接获取，录入后的数据进入综合数据库。与此同时，采集录入的土壤环境数据可以进行信息统计分析、信息审核和信息查看及导出。

6. 外业采样数据采集录入

外业采样数据采集录入功能，实现对外业采样数据的编号、采样时间、采样区域、采样作物、株高、单株茎蘖数、是否发病、缩略图、经度、纬度、光谱数据和外部链接等数据的采集录入，录入后的数据进入综合数据库。与此同时，采集录入的外业采样数据可以进行信息统计分析、信息审核和信息查看及导出。

7. 农情调研数据采集录入

农情调研数据采集录入功能，实现对农情调研数据的编号、调研时间、调研区域、调研作物、物候期数据、历史产量数据和历史气象数据等数据的采集录入，录入后的数据进入综合数据库。与此同时，采集录入的农情调研数据可以进行信息统计分析、信息审核和信息查看及导出。

8. 作物种植分布数据采集

作物种植分布数据采集功能，主要是对作物种植分布数据进行采集，包括采集时间、采集地点、作物种类和作物空间分布等，作物空间分布需要使用遥感影像进行提取，采集的数据进入综合数据库。与此同时，采集的作物种植分布数据可以进行信息统计分析、信息审核和信息查看及导出。

9. 作物种植面积数据采集

作物种植面积数据采集功能，主要是对作物种植面积数据进行采集，包括采集时间、采集地点、作物种类和作物种植面积等，采集的数据进入综合数据库。与此同时，采集的作物种植面积数据可以进行信息统计分析、信息审核和信息查看及导出。

10. 作物产量数据采集

作物产量数据采集功能，主要是对作物产量数据进行采集，包括采集时间、采集地点、作物种类和作物产量等，采集的数据进入综合数据库。与此同时，采集的作物产量数据可以进行信息统计分析、信息审核和信息查看及导出。

11. 农业灾害数据采集

农业灾害数据采集功能，主要是对农业灾害数据进行采集，包括采集时间、采集地点、作物种类、受灾空间分布和受灾经济损失等，采集的数据进入综合数据库。与此同时，采集的农业灾害数据可以进行信息统计分析、信息审核和信息查看及导出。

12. 影像数据信息统计分析

影像数据信息统计分析功能分析影像数据接收数据量、数据景数、卫星类型、推送批次等信息，统计分析结果入综合数据库，便于统计分析结果调用。

13. 地面观测数据统计分析

地面观测数据统计分析地面观测数据采集的数据量，包括虫情信息数据、气象环境数据、土壤环境数据、外业采样数据和农情调研数据的数据量、数据采集时间等，统计分析结果入综合数据库，便于统计分析结果调用。

14. 业务信息数据统计分析

业务信息数据统计分析业务信息数据的数据情况，包括作物种植面积数据、作物产量数据、农业灾害数据和作物种植分布数据的数据量、数据采集时间和数据所占存储空间等，统计分析结果入综合数据库，便于统计分析结果调用。

15. 信息审核

平台管理员或授权用户可以利用该功能对采样信息进行审核操作，审核后结果，采样单位可以看到；审核后信息有标记，便于后续继续审核；审核不合格的，重新采集。审核结果上传综合数据库。

16. 信息查看

信息查看功能具备对数据中台的各项数据进行查看，直观展示数据中台的数据量及各项业务数据的数据情况。

17. 信息导出

信息导出功能可将数据中台的各项数据按照需求进行信息导出，下载至本地化存储空间。

（四）子系统接口

子系统接口如图 5-4 所示。

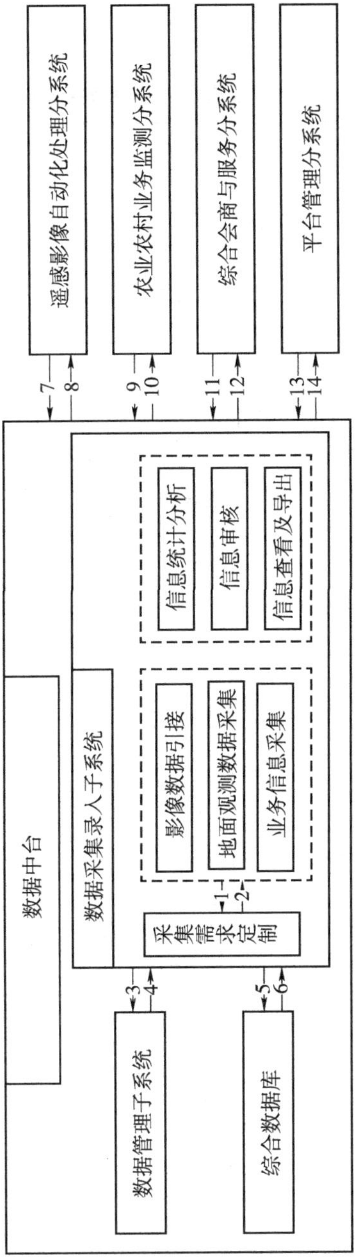

图 5-4　数据采集录入子系统接口设计

数据采集录入子系统接口说明表如表 5-1 所示。

表 5-1　数据采集录入子系统接口说明

序号	发送方	接收方	交换信息	信息类型
1	影像数据接引 地面观测数据采集 业务信息采集	采集需求制定	分析结果需求指令	指令信息
2	采集需求制定	影像数据接引 地面观测数据采集 业务信息采集	分析结果	数据信息
3	数据采集录入子系统	数据管理子系统	分析结果需求指令	指令信息
4	数据管理子系统	数据采集录入子系统	分析结果	数据信息
5	数据采集录入子系统	综合数据库	分析结果需求指令	指令信息
6	综合数据库	数据采集录入子系统	分析结果	数据信息
7	遥感影像自动化处理分系统	数据中台	分析结果需求指令	指令信息
8	数据中台	遥感影像自动化处理分系统	分析结果	数据信息
9	农业农村业务监测分系统	数据中台	分析结果需求指令	指令信息
10	数据中台	农业农村业务监测分系统	分析结果	数据信息
11	综合会商与服务分系统	数据中台	分析结果需求指令	指令信息
12	数据中台	综合会商与服务分系统	分析结果	数据信息
13	平台管理分系统	数据中台	分析结果需求指令	指令信息
14	数据中台	平台管理分系统	分析结果	数据信息

（五）子系统功能模块

1. 采集需求定制模块

（1）模块概述。根据不同录入信息有多种模板可以选择，也可以根据点位类型与模板自动关联；采样信息模板可修改和扩展。

（2）模块组成。采集需求定制模块包括模板选择与修改、数据导入和模板下载与数据上传等功能，模块组成如图 5-5 所示。

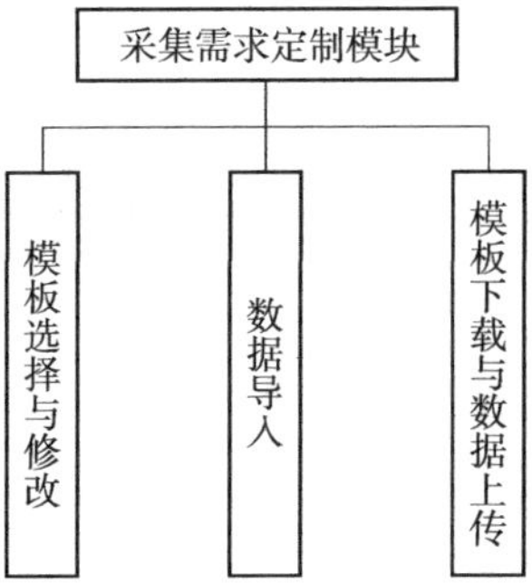

图 5-5　采集需求定制模块组成

①模板选择与修改：根据农业农村数据的需要，有多种数据模板可以选择，可实现模板的选择与修改。

②数据导入：数据导入功能可以将本地填写的数据导入数据采集录入子系统，展示在数据统计界面。

③模板下载与数据上传：根据业务需要，可以下载数据采集录入子系统中的模板，根据模板内容逐项进行本地填写。

2. 影像数据引接模块

（1）模块概述。业务功能系统以高分系列影像数据作为各个业务平台的基础数据，具备从影像数据提供方引接高分系列影像数据的能力，并根据影像数据完成数据归档。

（2）模块组成。影像数据引接模块具备影像数据引接功能和数据归档功能，具体模块组成如图 5-6 所示。

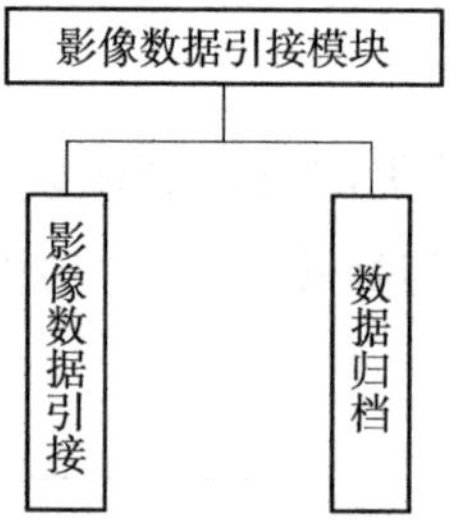

图 5-6　影像数据引接模块组成

①影像数据引接：平台具备从影像数据提供方引接高分系列影像数据的能力。

②数据归档：数据归档功能能够对从影像数据提供方引接的高分系列影像数据进行数据归档，实现影像数据的管理。

3. 地面观测数据采集模块

（1）模块概述。地面观测数据采集功能支持对地面观测数据采集及归档，地面观测数据包括虫情信息数据采集录入、气象环境数据采集录入、土壤环境数据采集录入、外业采样数据采集录入和农情调研数据采集录入等。

（2）模块组成。地面观测数据采集模块包括虫情信息数据采集录入、气象环境数据采集录入、土壤环境数据采集录入、外业采样数据采集录入和农情调研数据采集录入，模块组成如图 5-7 所示。

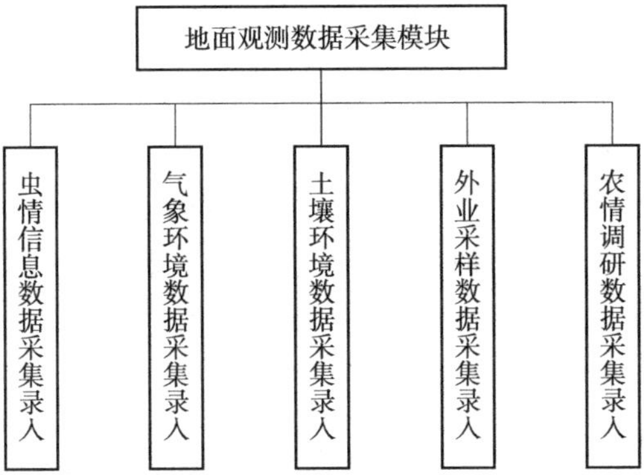

图 5-7　地面观测数据采集模块组成

①虫情信息数据采集录入：虫情信息数据采集录入功能，实现对虫情信息数据的编号、采集时间、采集区域、位置信息、作物类型、虫害名称、虫害个数和缩略图等进行采集录入。

②气象环境数据采集录入：气象环境数据采集录入功能，实现对气象环境数据的编号、采集时间、采集区域、位置信息、空气温度、空气湿度、光照度、降水量、风速和风向等数据进行采集录入。

③土壤环境数据采集录入：土壤环境数据采集录入功能，实现对土壤环境数据的编号、采集时间、采集区域、位置信息、土壤温度、土壤湿度、土壤含水率和土壤 pH 值等数据进行采集录入。

④外业采样数据采集录入：外业采样数据采集录入功能，实现对外业采样数据的编号、采样时间、采样区域、采样作物、株高、单株茎蘖数、是否发病、缩略图、经度、纬度、光谱数据和外部链接等数据进行采集录入。

⑤农情调研数据采集录入：农情调研数据采集录入功能，实现对农情调研数据的编号、调研时间、调研区域、调研作物、

物候期数据、历史产量数据和历史气象数据等数据进行采集录入。

4. 业务信息采集模块

（1）模块概述。对农业业务信息数据进行采集，采集的数据包括但不限于作物种植分布数据、作物种植面积数据、作物产量数据和农业灾害数据等，支持对文字、照片和视频等不同类型的业务信息进行采集。

（2）模块组成。业务信息采集模块包括作物种植分布数据采集功能、作物种植面积数据采集功能、作物产量数据采集功能和农业灾害数据采集功能，模块组成如图 5-8 所示。

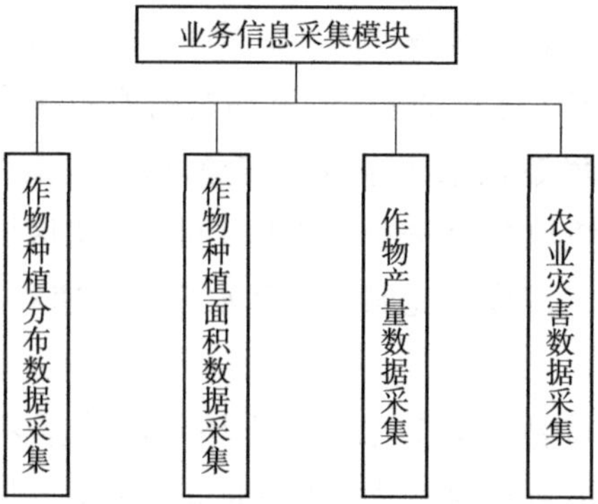

图 5-8　业务信息采集模块组成

①作物种植分布数据采集：作物种植分布数据采集功能，主要是对作物种植分布数据进行采集，包括采集时间、采集地点、作物种类和作物空间分布等。

②作物种植面积数据采集：作物种植面积数据采集功能，主要是对作物种植面积数据进行采集，包括采集时间、采集地点、作物种类和作物种植面积等。

③作物产量数据采集：作物产量数据采集功能，主要是对

作物产量数据进行采集，包括采集时间、采集地点、作物种类和作物产量等。

④农业灾害数据采集：农业灾害数据采集功能，主要是对农业灾害数据进行采集，包括采集时间、采集地点、作物种类、受灾空间分布和受灾经济损失等。

5. 信息统计分析模块

（1）模块概述。信息统计分析模块支持统计数据中台的各项数据，包括影像数据信息统计分析、地面观测数据统计分析、业务信息数据统计分析等功能。

（2）模块组成。信息统计分析模块包括影像数据信息统计分析功能、地面观测数据统计分析功能和业务信息数据统计分析功能，模块组成如图 5-9 所示。

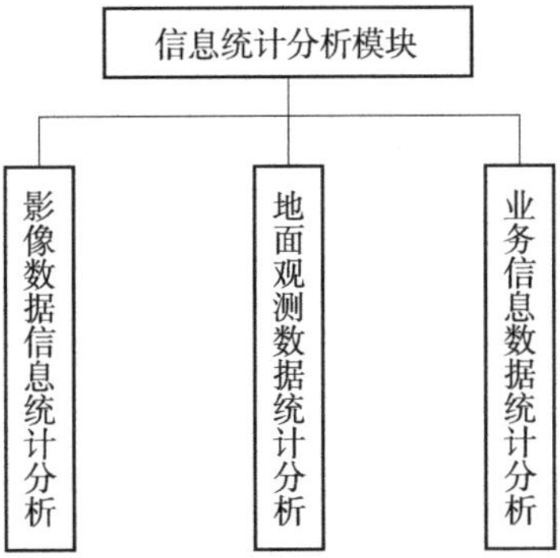

图 5-9　信息统计分析模块组成

①影像数据信息统计分析：影像数据信息统计分析功能分析影像数据接收数据量、数据景数、卫星类型、推送批次等信息。

②地面观测数据统计分析：地面观测数据统计分析地面观测数据采集的数据量，包括虫情信息数据、气象环境数据、土

壤环境数据、外业采样数据和农情调研数据的数据量、数据采集时间等。

③业务信息数据统计分析：业务信息数据统计分析业务信息数据的数据情况，包括作物种植分布数据、作物种植面积数据、作物产量数据和农业灾害数据的数据量、数据采集时间和数据所占存储空间等。

6. 信息审核模块

（1）模块概述。平台管理员或授权用户可以利用该功能对采样信息进行审核操作，审核后结果，采样单位可以看到；审核后信息有标记，便于后续继续审核；审核不合格的，重新采集。

（2）模块组成。信息审核模块包括对虫情信息数据、气象环境数据、土壤环境数据、外业采样数据、农情调研数据、作物种植分布数据、作物种植面积数据、作物产量数据和农业灾害数据的审核功能，模块组成如图 5-10 所示。

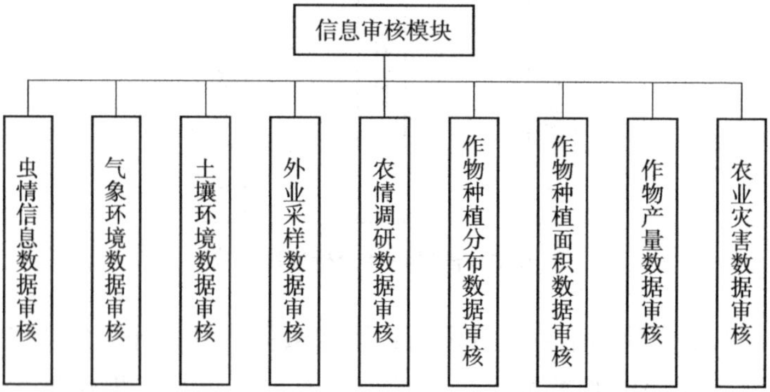

图 5-10　信息审核模块组成

①虫情信息数据审核：虫情信息数据审核功能，实现对虫情信息数据的编号、采集时间、采集区域、位置信息、作物类

型、虫害名称、虫害个数和缩略图等进行审核。

②气象环境数据审核：气象环境数据审核功能，实现对气象环境数据的编号、采集时间、采集区域、位置信息、空气温度、空气湿度、光照度、降水量、风速和风向等数据进行审核。

③土壤环境数据审核：土壤环境数据审核功能，实现对土壤环境数据的编号、采集时间、采集区域、位置信息、土壤温度、土壤湿度、土壤含水率和土壤 pH 值等数据进行审核。

④外业采样数据审核：外业采样数据审核功能，实现对外业采样数据的编号、采样时间、采样区域、采样作物、株高、单株茎蘖数、是否发病、缩略图、经度、纬度、光谱数据和外部链接等数据进行审核。

⑤农情调研数据审核：农情调研数据审核功能，实现对农情调研数据的编号、调研时间、调研区域、调研作物、物候期数据、历史产量数据和历史气象数据等数据进行审核。

⑥作物种植分布数据审核：作物种植分布数据审核功能，主要是对作物种植分布数据进行审核，包括采集时间、采集地点、作物种类和作物空间分布等。

⑦作物种植面积数据审核：作物种植面积数据审核功能，主要是对作物种植面积数据进行审核，包括采集时间、采集地点、作物种类和作物种植面积等。

⑧作物产量数据审核：作物产量数据审核功能，主要是对作物产量数据进行审核，包括采集时间、采集地点、作物种类和作物产量等。

⑨农业灾害数据审核：农业灾害数据审核功能，主要是对农业灾害数据进行审核，包括采集时间、采集地点、作物种类、受灾空间分布和受灾经济损失等。

7. 信息查看及导出模块

（1）模块概述。信息查看及导出模块支持相关人员对信息进行查看和导出操作，导出包括规定格式（采样记录表）和 Excel 格式等。

（2）模块组成。信息查看及导出模块包括信息查看功能和信息导出功能两个部分，模块组成如图 5-11 所示。

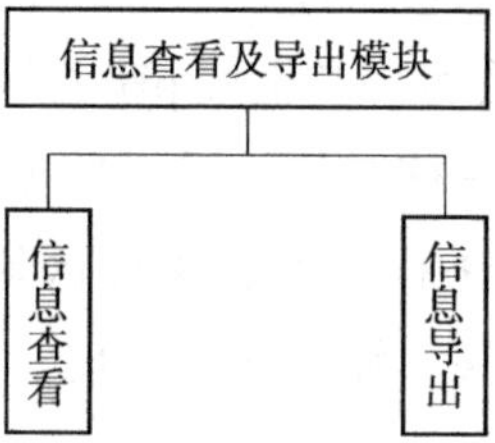

图 5-11　信息查看及导出模块组成

①信息查看：信息查看功能具备对数据中台的各项数据进行查看，直观展示数据中台的数据量及各项业务数据的数据情况。

②信息导出：信息导出功能可将数据中台的各项数据按照需求进行信息导出，下载至本地化存储空间。

二、数据管理子系统

（一）子系统概述

数据管理子系统实现了农业农村监管业务全链条数据的储存、治理、查询、分类、统计及数据安全，实现对模型管理，以及地理影像数据发布和业务数据发布，是数据中台的重要组分。

（二）子系统组成

数据管理子系统包括数据存储、数据治理、数据查询、数据分类、数据统计、模型管理、数据安全、地理影像数据发布和业务数据发布模块，数据管理子系统组成如图 5-12 所示。

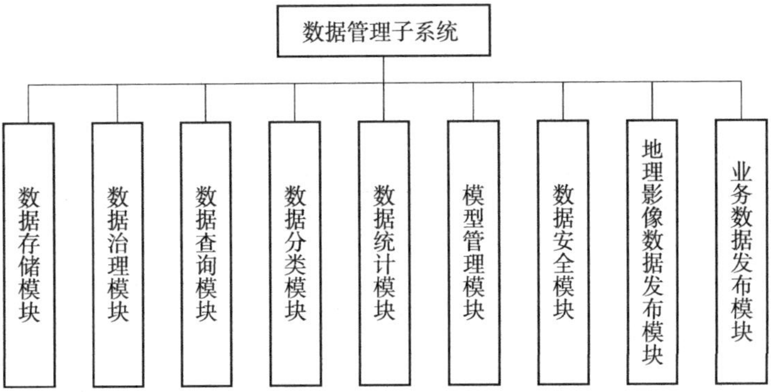

图 5-12　数据管理子系统组成

（三）子系统流程

数据管理子系统流程如图 5-13 所示。

数据存储：数据存储模块主要体现对地面观测数据和业务信息数据等多源数据的存储。其中，地面观测数据包括虫情信息数据、气象环境数据、土壤环境数据、外业采样数据和农情调研数据等，业务信息数据包括作物种植分布数据、作物种植面积数据、作物产量数据和农业灾害数据等，对数据采集录入子系统采集录入的数据进行数据存储。

数据治理：数据治理主要负责完成数据的清洗、归约、归档、备份等数据的标准化处理工作，对完成数据存储的数据进行数据治理。

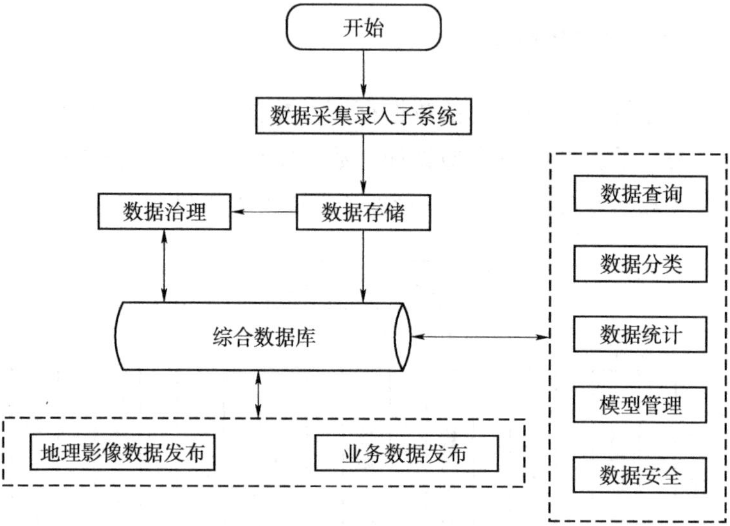

图 5–13　数据管理子系统流程

数据查询：数据查询通过利用元数据查询、中间数据查询、业务数据综合查询等方式，实现用户对相关数据的检索，并允许用户对检索到的数据详细元数据和快视图等信息进行查看，供用户浏览选择。用户也可自定义检索选项来对检索过程、筛选条件等进行定制。同时提供对数据存储管理内各类存储数据、表目录、关系目录、配置文件目录等数据的检索，响应各个子系统的数据查询需求，并将数据查询结果反馈回数据库。

数据分类：数据分类是通过对元数据、中间数据、业务数据、挖掘数据等数据进行，来提高用户对该数据进行的检索、调用、挖掘时的准确性和高效性。用户可通过预设分类规则对数据实现自动分类，也可手动自定义新的分类规则，对数据进行定制化分类，对综合数据库中的数据进行数据分类，便于数据调用。

数据统计：数据统计对数据库中存储的数据、在系统中流动的数据及数据存储接收的各项指令与执行情况进行统计与分析，根据各个子系统的数据统计需求，进行数据统计分析，并将数据统计分析结果反馈回综合数据库。

模型管理：模型管理模块主要是对模型库内的模型进行查看、信息编辑、删除等操作，对综合数据库中的模型进行管理。

数据安全：为了保证保障用户的数据安全，数据中心应从多个方面采取措施，主要包括用户数据隔离、数据访问控制、存储节点接入认证、数据备份、虚拟机数据盘加密、漏洞扫描等手段进行控制，实现对综合数据库安全的保障。

地理影像数据发布：地理影像数据发布模块支持平台全部空间数据的切片和发布，包括矢量、栅格数据，对综合数据库中的地理影像数据进行发布，并将地理影像数据发布结果反馈至综合数据库。

业务数据发布：业务数据发布模块支持平台全部业务类数据，诸如作物种植分布数据、作物种植面积数据、作物产量数据和农业灾害数据等的发布，对综合数据库中的业务数据进行发布，并将业务数据发布结果反馈至综合数据库。

（四）子系统接口

数据管理子系统接口设计如图 5-14 所示。

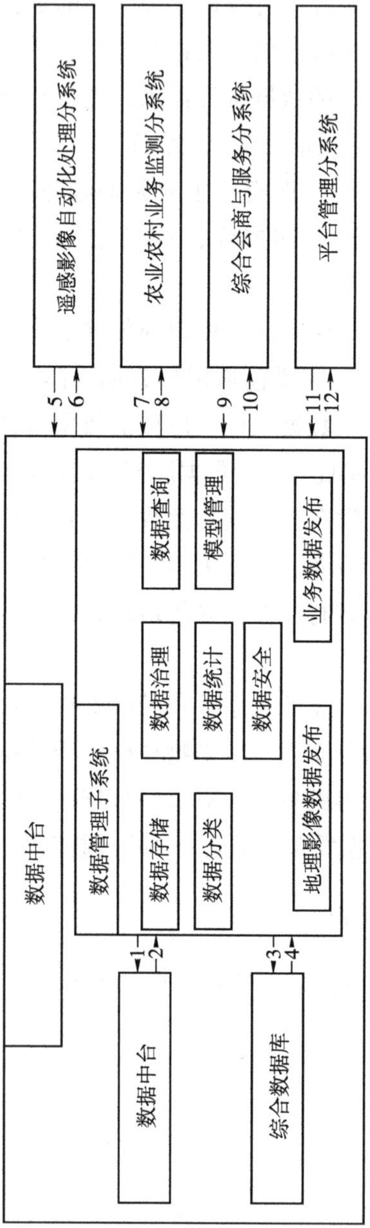

图 5-14　数据管理子系统接口设计

数据管理子系统接口说明如表 5-2 所示。

表 5-2 数据管理子系统接口说明

序号	发送方	接收方	交换信息	信息类型
1	数据管理子系统	数据中台	分析结果需求指令	指令信息
2	数据中台	数据管理子系统	分析结果	数据信息
3	数据管理子系统	综合数据库	分析结果需求指令	指令信息
4	综合数据库	数据管理子系统	分析结果	数据信息
5	遥感影像自动化处理分系统	数据中台	分析结果需求指令	指令信息
6	数据中台	遥感影像自动化处理分系统	分析结果	数据信息
7	农业农村业务监测分系统	数据中台	分析结果需求指令	指令信息
8	数据中台	农业农村业务监测分系统	分析结果	数据信息
9	综合会商与服务分系统	数据中台	分析结果需求指令	指令信息
10	数据中台	综合会商与服务分系统	分析结果	数据信息
11	平台管理分系统	数据中台	分析结果需求指令	指令信息
12	数据中台	平台管理分系统	分析结果	数据信息

（五）子系统功能模块

1. 数据存储模块

（1）模块概述。数据存储模块实现对整个业务功能系统的数据存储，支撑整个业务系统的底层数据，主要体现对地面观测数据和业务信息数据等多源数据的存储，其中，地面观测数据包括虫情信息数据、气象环境数据、土壤环境数据、外业采样数据和农情调研数据，业务信息数据包括作物种植分布数据、作物种植面积数据、作物产量数据和农业灾害数据。通过统一数据目录索引技术，实现大规模数据存储管理的支撑能力；实现对数据逻辑分区规划管理、数据存储源节点规划管理、数据目录索引全局唯一编号管理、数据扩展属性索引管理、时空属性数据索引管理；实现数据的高效、多样化检索查询能力。

（2）模块组成。数据存储模块主要包括地面观测数据存储功能和业务信息数据存储功能，其中，地面观测数据包括虫情信息数据、气象环境数据、土壤环境数据、外业采样数据和农情调研数据等，业务信息数据包括作物种植分布数据、作物种植面积数据、作物产量数据和农业灾害数据，模块组成如图 5-15 所示。

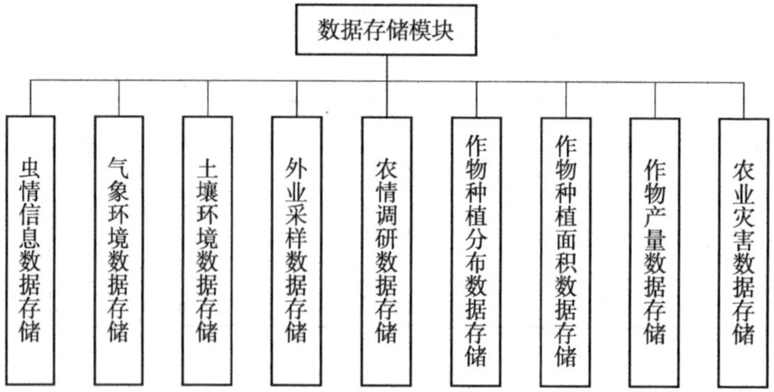

图 5-15　数据存储模块组成

①虫情信息数据存储：虫情信息数据存储功能，实现对虫情信息数据的编号、采集时间、采集区域、位置信息、作物类

型、虫害名称、虫害个数和缩略图等进行存储。

②气象环境数据存储：气象环境数据存储功能，实现对气象环境数据的编号、采集时间、采集区域、位置信息、空气温度、空气湿度、光照度、降水量、风速和风向等数据进行存储。

③土壤环境数据存储：土壤环境数据存储功能，实现对土壤环境数据的编号、采集时间、采集区域、位置信息、土壤温度、土壤湿度、土壤含水率和土壤 pH 值等数据进行存储。

④外业采样数据存储：外业采样数据存储功能，实现对外业采样数据的编号、采样时间、采样区域、采样作物、株高、单株茎蘖数、是否发病、缩略图、经度、纬度、光谱数据和外部链接等数据进行存储。

⑤农情调研数据存储：农情调研数据存储功能，实现对农情调研数据的编号、调研时间、调研区域、调研作物、物候期数据、历史产量数据和历史气象数据等进行存储。

⑥作物种植分布数据存储：作物种植分布数据存储功能，主要是对作物种植分布数据进行存储，包括采集时间、采集地点、作物种类和作物空间分布等。

⑦作物种植面积数据存储：作物种植面积数据存储功能，主要是对作物种植面积数据进行存储，包括采集时间、采集地点、作物种类和作物种植面积等。

⑧作物产量数据存储：作物产量数据存储功能，主要是对作物产量数据进行存储，包括采集时间、采集地点、作物种类和作物产量等。

⑨农业灾害数据存储：农业灾害数据存储功能，主要是对农业灾害数据进行存储，包括采集时间、采集地点、作物种类、受灾空间分布和受灾经济损失等。

2. 数据治理模块

（1）模块概述。数据治理是一个通过一系列信息相关的过程来实现决策权和职责分工的系统，这些过程按照达成共识的模型来执行，该模型描述了谁（Who）能根据什么信息，在什么时间（When）和情况（Where）下，用什么方法（How），采取什么行动（What）。数据治理的最终目标是提升数据的价值，数据治理非常必要，是企业实现数字战略的基础，它是一个管理体系，包括组织、制度、流程、工具。业务功能平台数据治理主要负责完成数据的清洗、归约、归档、备份等数据的标准化处理工作。

（2）模块组成。数据治理模块包括数据清洗功能、数据归约功能、数据归档功能和数据备份功能，模块组成如图 5-16 所示。

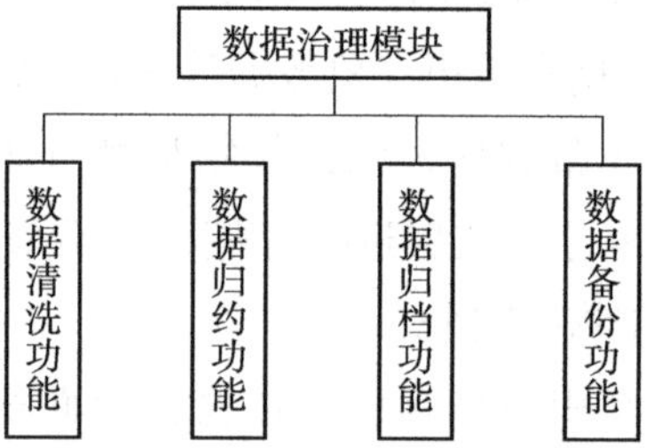

图 5-16　数据治理模块组成

①数据清洗：数据清洗功能对数据进行重新审查和校验的过程，目的在于删除重复信息、纠正存在的错误，并提供数据一致性。主要包括一致性检查、无效值和缺失值处理及数据规约 3 个方面。

一致性检查是根据每个变量的合理取值范围和相互关系，检查数据是否合乎要求，发现超出正常范围、逻辑上不合理或者相互矛盾的数据。例如，用 1～7 级量表测量的变量出现了 0 值，体重出现了负数，都应视为超出正常值域范围。SPSS、SAS 和 Excel 等计算机软件都能够根据定义的取值范围，自动识别每个超出范围的变量值。具有逻辑上不一致性的答案可能以多种形式出现，例如，许多调查对象说自己开车上班，又报告没有汽车；或者调查对象报告自己是某品牌的重度购买者和使用者，但同时又在熟悉程度量表上给了很低的分值。发现不一致时，要列出问卷序号、记录序号、变量名称、错误类别等，便于进一步核对和纠正。

无效值和缺失值的处理主要是针对由于调查、编码和录入误差，使数据库中可能存在一些无效值和缺失值，需要给予适当的处理。常用的处理方法有估算、整例删除、变量删除和成对删除。

估算（estimation）。最简单的办法就是用某个变量的样本均值、中位数或众数代替无效值和缺失值。这种办法简单，但没有充分考虑数据中已有的信息，误差可能较大。另一种办法就是根据调查对象对其他问题的答案，通过变量之间的相关分析或逻辑推论进行估计。例如，某一产品的拥有情况可能与家庭收入有关，可以根据调查对象的家庭收入推算拥有这一产品的可能性。

整例删除（casewise deletion）是剔除含有缺失值的样本。由于很多问卷都可能存在缺失值，这种做法的结果可能使有效样本量大大减少，无法充分利用已经收集到的数据。因此，只适合关键变量缺失，或者含有无效值或缺失值的样本比重很小的情况。

变量删除（variable deletion）。如果某一变量的无效值和缺失值很多，而且该变量对于所研究的问题不是特别重要，则可以考虑将该变量删除。这种做法减少了供分析用的变量数目，但没有改变样本量。

成对删除（pairwise deletion）是用一个特殊码（通常是9、99、999等）代表无效值和缺失值，同时保留数据集中的全部变量和样本。但是，在具体计算时只采用有完整答案的样本，因而不同的分析因涉及的变量不同，其有效样本量也会有所不同。这是一种保守的处理方法，最大限度地保留了数据集中的可用信息。

采用不同的处理方法可能对分析结果产生影响，尤其是缺失值的出现并非随机且变量之间明显相关时。因此，在调查中应当尽量避免出现无效值和缺失值，保证数据的完整性。

②数据归约：数据归约指在尽可能保持数据原貌的前提下，最大限度地精简数据量（完成该任务的必要前提是理解挖掘任务和熟悉数据本身内容）。

对于小型或中型数据集，一般的数据预处理步骤已经足够。但对真正大型数据集来讲，在应用数据挖掘技术以前，更可能采取一个中间的、额外的步骤，即数据归约。本步骤中简化数据的主题是维归约，主要问题是是否可在没有牺牲成果质量的前提下，丢弃这些已准备和预处理的数据，能否在适量的时间和空间里检查已准备的数据和已建立的子集。

对数据的描述，特征的挑选，归约或转换是决定数据挖掘方案质量的最重要问题。在实践中，特征的数量可达到数百，如果我们只需要上百条样本用于分析，就需要进行维归约，以挖掘出可靠的模型。另外，高维度引起的数据超负，会使一些数据挖掘算法不实用，唯一的方法也就是进行维归约。预处理数据集的3个主要维度通常以平面文件的形式出现：列（特征）、行（样本）和特征的值，数据归约过程也就是3个基本操作：删除列、删除行、减少列中的值。

在进行数据挖掘准备时进行标准数据归约操作，我们需要知道从这些操作中我们会得到和失去什么，全面的比较和分析涉及如下几个方面的参数。

计算时间：较简单的数据，即经过数据归约后的结果，可减少数据挖掘消耗的时间。

预测 / 描述精度：估量了数据归纳和概括为模型的好坏。

数据挖掘模型的描述：简单的描述通常来自数据归约，这样模型能得到更好理解。

③数据归档：数据存档是将不再经常使用的数据移到一个单独的存储设备来进行长期保存的过程。数据存档由旧的数据组成，但它是以后参考所必需且很重要的数据，其数据必须遵从规则来保存。数据存档具有索引和搜索功能，这样文件可以很容易地找到。

自从 20 世纪 50 年代后期计算机的首次使用以来，数据和信息的世界一直在不断的发展。随着时间的过去，很明显数据像许多实体一样都有生命周期，并且特定于生命周期中的每个时点、不同的一组特征、存储和访问需求。数据仓库的概念由业务需求演变而来，业务需要在不同数据源之间基于其生命周期内的不同点进行可靠、统一和集成的数据报告和分析。

就总的感觉而言，数据仓库只是组织以电子方式存储数据的一个资料库；重要的是必须意识到，任何仓库都会受限于在仓库中查找和访问项目及将项目移入和移出仓库的流程。对于数据而言，数据仓库系统的主要组成部分包括有选择地存储数据的能力、检索和分析数据的能力（不管数据在哪里），以及管理数据字典的能力。为了有效操作数据仓库，组织需要了解数据仓库中存储的信息在数据生命周期内的不同点存在的固有差异。

业务功能系统支持对地面观测数据和业务信息进行数据归档，其中，地面观测数据包括虫情信息数据采集录入、气象环境数据采集录入、土壤环境数据采集录入、外业采样数据采集录入和农情调研数据采集录入等，业务信息数据包括作物种植分布数据、作物种植面积数据、作物产量数据和农业灾害数据。根据上述不同数据类别分别入不同的数据库，便于进行数据检索和数据提取等。

④数据备份：数据备份是容灾的基础，是指为防止系统出现操作失误或系统故障导致数据丢失，而将全部或部分数据集合从应用主机的硬盘或阵列复制到其他的存储介质的过程。传统的数据备份主要是采用内置或外置的磁带机进行冷备份。但是这种方式只能防止操作失误等人为故障，而且其恢复时间也很长。随着技术的不断发展，数据的海量增加，不少的企业开始采用网络备份。

本系统数据备份通过专业的数据存储管理软件结合相应的硬件和存储设备来实现。

3. 数据查询模块

（1）模块概述。数据查询通过利用元数据查询、中间数据查询、业务数据综合查询等方式，实现用户对相关数据的检索，并允许用户对检索到的数据详细元数据和快视图等信息进行查看，供用户浏览选择。用户也可自定义检索选项来对检索过程、筛选条件等进行定制。同时提供对数据存储管理内各类存储数据、表目录、关系目录、配置文件目录等数据的检索。

（2）模块组成。数据查询模块主要包括地面观测数据查询功能和业务信息数据查询功能，其中，地面观测数据包括虫情信息数据、气象环境数据、土壤环境数据、外业采样数据和农情调研数据等，业务信息数据包括作物种植分布数据、作物种植面积数据、作物产量数据和农业灾害数据，模块组成如图 5-17 所示。

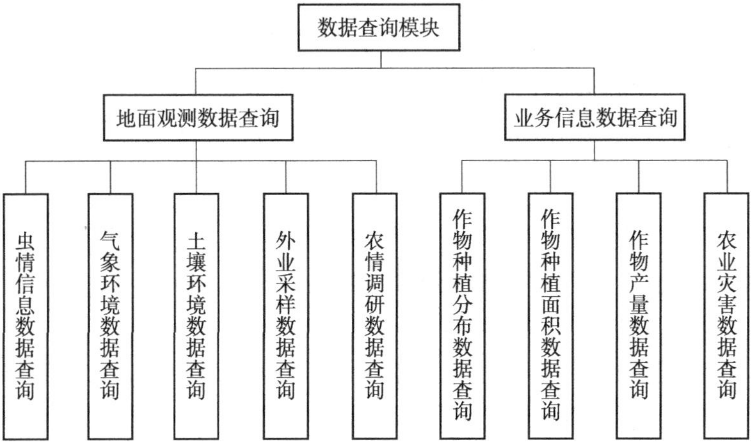

图 5-17　数据查询模块组成

①虫情信息数据查询：虫情信息数据查询功能，实现对虫情信息数据的编号、采集时间、采集区域、位置信息、作物类型、虫害名称、虫害个数和缩略图等进行查询。

②气象环境数据查询：气象环境数据查询功能，实现对气象环境数据的编号、采集时间、采集区域、位置信息、空气温度、空气湿度、光照度、降水量、风速和风向等数据进行查询。

③土壤环境数据查询：土壤环境数据查询功能，实现对土壤环境数据的编号、采集时间、采集区域、位置信息、土壤温度、土壤湿度、土壤含水率和土壤 pH 值等数据进行查询。

④外业采样数据查询：外业采样数据查询功能，实现对外业采样数据的编号、采样时间、采样区域、采样作物、株高、单株茎蘖数、是否发病、缩略图、经度、纬度、光谱数据和外部链接等数据进行查询。

⑤农情调研数据查询：农情调研数据查询功能，实现对农情调研数据的编号、调研时间、调研区域、调研作物、物候期数据、历史产量数据和历史气象数据等数据进行查询。

⑥作物种植分布数据查询：作物种植分布数据查询功能，主要是对作物种植分布数据进行查询，包括采集时间、采集地点、作物种类和作物空间分布等。

⑦作物种植面积数据查询：作物种植面积数据查询功能，主要是对作物种植面积数据进行查询，包括采集时间、采集地点、作物种类和作物种植面积等。

⑧作物产量数据查询：作物产量数据查询功能，主要是对作物产量数据进行查询，包括采集时间、采集地点、作物种类和作物产量等。

⑨农业灾害数据查询：农业灾害数据查询功能，主要是对农业灾害数据进行查询，包括采集时间、采集地点、作物种类、受灾空间分布和受灾经济损失等。

4. 数据分类模块

（1）模块概述。数据分类是通过对元数据、中间数据、业务数据、挖掘数据等数据进行，来提高用户对该数据进行的检索、调用、挖掘时的准确性和高效性。用户可通过预设分类规则对数据实现自动分类，也可手动自定义新的分类规则，对数据进行定制化分类。

（2）模块组成。数据分类模块包括预设分类规则功能、自动分类功能和定制化分类功能，模块组成如图 5-18 所示。

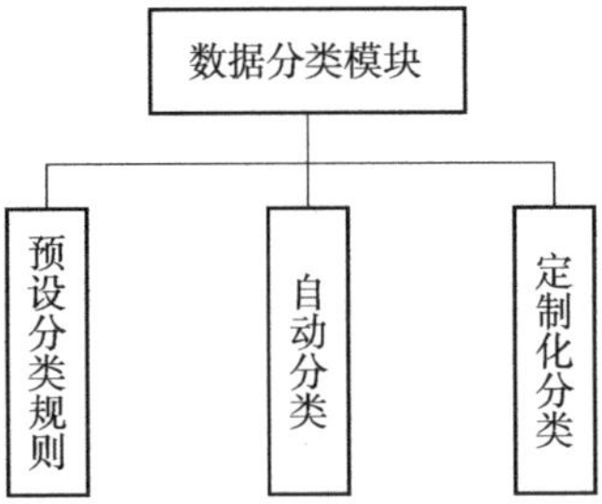

图 5-18　数据分类模块组成

①预设分类规则：根据地面观测数据和业务信息数据特点，预设分类规则。其中，地面观测数据包括虫情信息数据、气象环境数据、土壤环境数据、外业采样数据和农情调研数据等，业务信息数据包括作物种植分布数据、作物种植面积数据、作物产量数据和农业灾害数据，例如虫情信息数据根据不同的病虫害种类进行分类，气象环境数据根据温度、湿度、降水和风速进行分类等。

②自动分类：实现对地面观测数据和业务数据的自动分类，根据预设的分类规则实现对地面观测数据和业务信息数据的自动分类，便于数据查询、数据统计分析等功能的实现。

③定制化分类：根据业务需要，定制化地面观测数据和业务数据的分类规则，根据客户实际业务的需要，对地面观测数据和业务信息数据进行不同程度的定制化，如根据不同的行政区对虫情信息数据进行分类等。

5. 数据统计模块

（1）模块概述。数据统计对数据库中存储的数据、在系统中流动的数据及数据存储接收的各项指令与执行情况进行统计与分析。数据统计的对象包括地面观测数据和业务数据。

（2）模块组成。数据统计模块主要包括地面观测数据统计功能和业务信息数据统计功能，其中，地面观测数据包括虫情信息数据、气象环境数据、土壤环境数据、外业采样数据和农情调研数据等，业务信息数据包括作物种植分布数据、作物种植面积数据、作物产量数据和农业灾害数据，模块组成如图 5-19 所示。

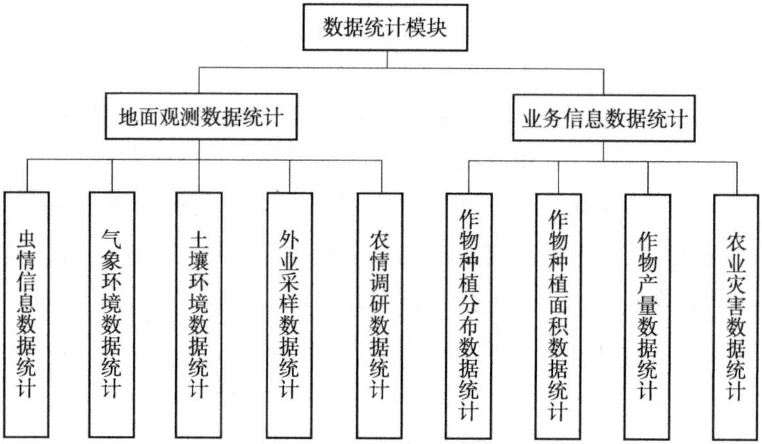

图 5-19　数据统计模块组成

①虫情信息数据统计：虫情信息数据统计功能，实现对虫情信息数据的编号、采集时间、采集区域、位置信息、作物类型、虫害名称、虫害个数和缩略图等进行统计。虫情信息统计可以掌握虫情第一手资料，为下一步二维可视化提供基础数据支持。

②气象环境数据统计：气象环境数据统计功能，实现对气象环境数据的编号、采集时间、采集区域、位置信息、空气温度、空气湿度、光照度、降水量、风速和风向等数据进行统计。气象环境数据提供第一手温湿雨风数据，为更精细化的作物种植指导提供数据支撑。

③土壤环境数据统计：土壤环境数据统计功能，实现对土壤环境数据的编号、采集时间、采集区域、位置信息、土壤温度、土壤湿度、土壤含水率和土壤 pH 值等数据进行统计。土壤环境数据的统计，提供土壤墒情第一手数据，为作物水肥指导提供更加精确的数据资料。

④外业采样数据统计：外业采样数据统计功能，实现对外业采样数据的编号、采样时间、采样区域、采样作物、株高、单株茎蘖数、是否发病、缩略图、经度、纬度、光谱数据和外部链接等数据进行统计。外业采样数据为了解作物长势等情况提供更加丰富的数据，及时发现长势异常、病虫害等，作为遥感监测的重要补充手段。

⑤农情调研数据统计：农情调研数据统计功能，实现对农情调研数据的编号、调研时间、调研区域、调研作物、物候期数据、历史产量数据和历史气象数据等进行统计。农情调研数据统计可以对不同作物的物候期、历史产量和历史气象数据进行汇总，对于了解作物的物候期，利用遥感技术建立作物产量模型和了解历史气象具有重要意义。

⑥作物种植分布数据统计：作物种植分布数据统计功能，主要是对作物种植分布数据进行统计，包括采集时间、采集地点、作物种类和作物空间分布等。作物种植空间分布数据统计可以作为样本数据输入遥感提取作物空间分布模型，并验证遥感提取作物空间分布的精度。

⑦作物种植面积数据统计：作物种植面积数据统计功能，主要是对作物种植面积数据进行统计，包括采集时间、采集地点、作物种类和作物种植面积等。作物种植面积数据统计可以用来计算遥感提取作物种植面积的误差。

⑧作物产量数据统计：作物产量数据统计功能，主要是

对作物产量数据进行统计，包括采集时间、采集地点、作物种类和作物产量等。作物产量数据可以作为样本，输入遥感产量估算模型，估算作物产量，并验证遥感产量估算模型精度。

⑨农业灾害数据统计：农业灾害数据统计功能，主要是对农业灾害数据进行统计，包括采集时间、采集地点、作物种类、受灾空间分布和受灾经济损失等。农业灾害数据统计有效补充了关于农业灾害受灾经济损失数据，为今后估算农业灾害受灾经济损失提供数据基础。

6. 模型管理模块

（1）模块概述。模型管理支持对农作物种植提取、作物长势监测、作物苗情监测、作物估产、土壤墒情监测等算法封装，在平台中调度管理；支持对 Python、C++、IDL、Matlab 等多种语言编写的算法插件进行封装；支持自助上传算法插件，更新算法、编辑算法信息、监控运行状态。基于云原生的遥感大数据处理算法流程编排调度引擎，通过微服务自动生成与发布技术来统一封装管理算法，通过状态机服务和动态队列的设计实现流程的驱动和监控，基于 HTTP 轮询的算法任务执行模型实现流程驱动的过程完全解耦，在云环境下可以轻松扩展支撑数以万计的流程并行处理，实现 Web 可视化拖拽式流程编排组件，实现了云上多源异构遥感数据处理流程的灵活搭建、数据快速处理、数据自动流转和任务全程监控的云上业务调度管理能力。

（2）模块组成。模型管理模块包括模型新建功能、模型编辑功能、模型查询功能和模型运行监控功能，模块组成如图 5-20 所示。

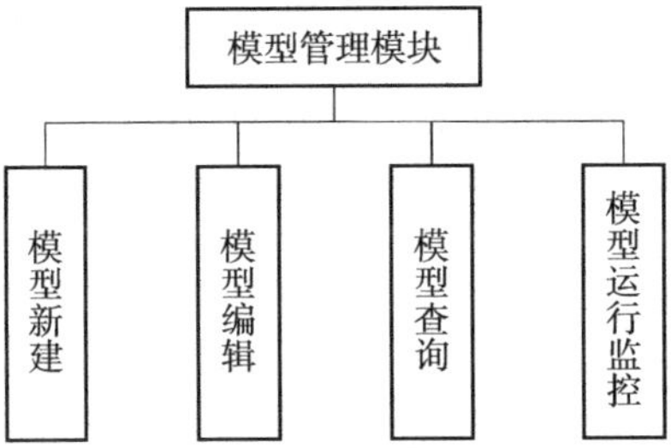

图 5-20　模型管理模块组成

①模型新建：模型新建功能，实现新建农作物种植提取、作物长势监测、作物苗情监测、作物估产、土壤墒情监测等算法，算法的封装，在系统中可以进行算法的调用。

②模型编辑：模型编辑功能，实现对农作物种植提取、作物长势监测、作物苗情监测、作物估产、土壤墒情监测等算法进行编辑，算法的更新迭代，不断提高模型算法的计算精度。

③模型查询：模型查询功能，能够对农作物种植提取、作物长势监测、作物苗情监测、作物估产、土壤墒情监测等算法进行查询，如根据模型算法的名称等。

④模型运行监控：模型运行监控功能，支持对农作物种植提取、作物长势监测、作物苗情监测、作物估产、土壤墒情监测等算法进行运行监控，对于运行异常的算法，通过报警的方式提供给工作人员。

7. 数据安全模块

（1）模块概述。为了保证保障用户的数据安全，数据中心应从多个方面采取措施，主要包括用户数据隔离、数据访问控制、存储节点接入认证、数据备份、虚拟机数据盘加密、漏洞扫描等手段进行控制。

（2）模块组成。数据安全模块包括用户数据隔离功能、数据访问控制功能、存储节点接入认证功能、数据备份功能、虚拟机数据盘加密功能和漏洞扫描功能，模块组成如图 5-21 所示。

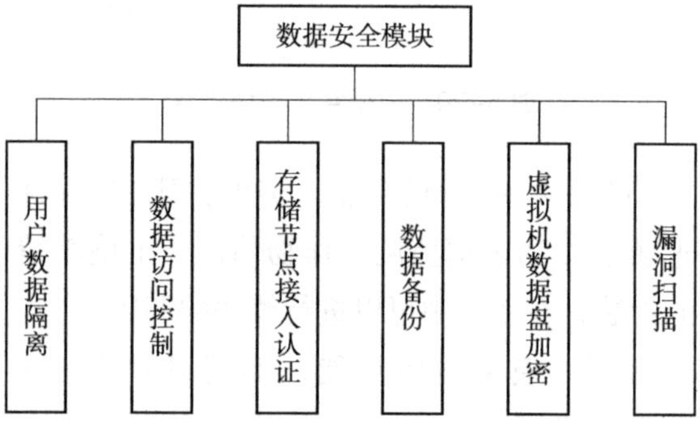

图 5-21　数据安全模块组成

①用户数据隔离：用户数据隔离功能，实现系统用户数据的隔离，防止用户数据泄露。因为系统部署在政务外网，需要满足国家安全等保三级的要求。

②数据访问控制：利用防火墙进行数据访问控制，所谓防火墙，是一种特殊的访问控制设施，是一道介于内部网络和 Internet 之间的安全屏障，防火墙的基本功能是根据各种网络安全策略的要求对未经授权的访问和数据传递进行筛选和屏蔽，它保护着内部网络数据的安全。

从逻辑上讲，防火墙既是一个分析器，又是一个限制器，它要求所有进出内部网络的数据流都必须通过安全策略和安全计划的确认与授权，并在逻辑上实现内外网络的分离，从而保证内部网络的安全。防火墙既可以是一组硬件，也可以是一组软件，还可以是软件和硬件的组合。

系统采购两台防火墙实现数据访问控制功能。

③存储节点接入认证：节点存储控制器，根据不同的应用环境通过电路中连接3个或3个以上支路的点。采取合理、安全、有效的方式将数据保存到某些介质上并能保证有效的访问。按照预定顺序改变主电路和控制电路的接线和改变电路中电阻值来控制电动机的启动、调速、自动和反向的主令装置。

④数据备份：系统具备数据备份的功能，数据备份是容灾的基础，是指为防止系统出现操作失误或系统故障导致数据丢失，而将全部或部分数据集合从应用主机的硬盘或阵列复制到其他的存储介质的过程。传统的数据备份主要是采用内置或外置的磁带机进行冷备份。但是这种方式只能防止操作失误等人为故障，而且其恢复时间也很长。随着技术的不断发展，数据的海量增加，本系统采用网络备份。网络备份一般通过专业的数据存储管理软件结合相应的硬件和存储设备来实现。

⑤虚拟机数据盘加密：虚拟机数据盘加密技术是一种通过专门工具对做数据盘的扇区磁道等进行加密的方法，而对加密数据盘的读写必须通过这个技术实现。

⑥漏洞扫描：系统具备漏洞扫描功能，漏洞扫描是指基于漏洞数据库，通过扫描等手段对指定的远程或者本地计算机系统的安全脆弱性进行检测，发现可利用漏洞的一种安全检测（渗透攻击）行为。

8. 地理影像数据发布模块

（1）模块概述。地理影像数据发布模块支持平台全部空间数据的切片和发布，包括矢量、栅格数据。

（2）模块组成。地理影像数据发布模块包括矢量地理影像数据发布功能和栅格地理影像数据发布功能，模块组成如图5-22所示。

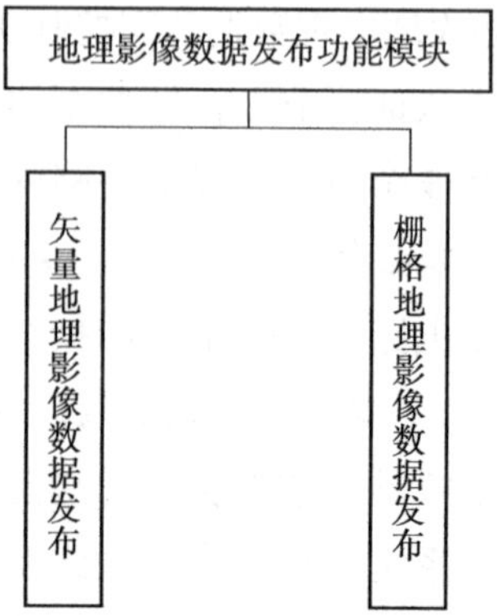

图 5-22　地理影像数据发布模块组成

①矢量地理影像数据发布：矢量地理影像数据发布功能，具备对整个系统中所有的矢量地理影像数据进行发布的能力，完成查看数据详情、发布矢量瓦片、发布 GeoJSON、下载和删除等功能。

②栅格地理影像数据发布：栅格地理影像数据发布功能，具备对整个系统中所有的栅格地理影像数据进行发布的能力，完成查看详情、发布、下载和删除等功能。

9. 业务数据发布模块

（1）模块概述。业务数据发布模块支持平台全部业务类数据，如作物种植分布数据、作物种植面积数据、作物产量数据和农业灾害数据等的发布。

（2）模块组成。业务数据发布模块包括作物种植分布数据发布功能、作物种植面积数据发布功能、作物产量数据发布功能和农业灾害数据发布功能，模块组成如图 5-23 所示。

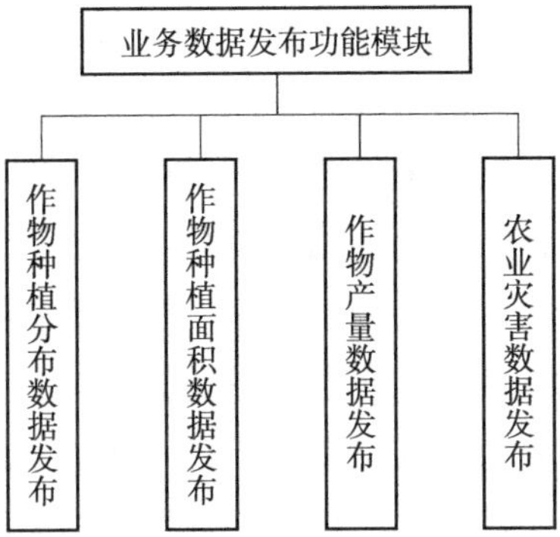

图 5-23 业务数据发布模块组成

①作物种植分布数据发布：作物种植分布数据发布功能满足不同作物种植分布数据进行发布，为农业农村业务监测分系统提供作物种植分布数据支持。

②作物种植面积数据发布：作物种植面积数据发布功能满足不同作物种植面积数据进行发布，为农业农村业务监测分系统提供作物种植面积数据支持。

③作物产量数据发布：作物产量数据发布功能满足不同作物产量数据进行发布，为农业农村业务监测分系统提供作物产量数据支持。

④农业灾害数据发布：农业灾害数据发布功能满足农业灾害数据进行发布，为农业农村业务监测分系统提供农业灾害数据支持。

三、综合数据库

（一）数据库概述

数据中台综合数据库是针对获取的基础地理空间数据和采

集的山东省产品生产全业务数据，设计和建设一套综合的智慧农业遥感平台业务功能系统数据库，总体设计目标是针对获取的基础地理空间数据和采集的山东省产品生产全业务数据，设计和建设一套综合的业务功能系统数据库，数据库建设的内容包括地理空间数据库、业务数据库、物联网数据库、机器学习数据库和元数据库等，能够为业务功能系统各功能系统提供数据基础。根据业务功能系统内容，系统所涉及数据主要分为遥感卫星数据、无人机数据、物联网数据、样本数据、地理空间信息数据、农情调研数据等。

（二）数据库设计原则

数据库是平台对外提供服务的核心和基础，数据库设计方案直接关系平台执行的效率和稳定性。在软件开发中，数据存储设计应遵循必要的设计原则和理论，以减少冗余，保证数据的完整性与正确性。为了构架一个坚实可靠、高性能的平台，数据存储设计应遵循以下基本原则。

1. 集中性原则

规划、设计和建设要以管理集中、数据集中、处理集中为原则，统一规划、统一标准、统一设备、统一开发与应用。

2. 先进性和成熟性原则

用科学的方法进行规划、设计和开发，避免盲目性和随意性；选择技术先进、具有一定代表水平并且成熟的技术方法和产品来建设平台，应采用当前最新和最通用的硬件和数据库引擎，通过管理维护数据库对平台的数据规范及权限等进行管理。保证平台的稳定性、成熟性的同时，要有一定的先进性，以保证平台的长期发展需要。

3. 可靠性和可用性原则

设计建设应采用高可靠的产品和技术，充分考虑平台的应变能力、容错能力和纠错能力，确保运行稳定、安全可靠；开发要面向最终用户，使用户对平台易于接受、易于掌握、易于操作，平台功能要实用性强、可用性好，确保系统能长期、稳定、高效地使用。

4. 效益性和实用性原则

设计开发应全面考虑系统的经济效益和社会效益、考虑性能价格比和投入产出比等诸多因素、考虑经济投入规模和实际使用价值，建设要力求达到资金投入少、实用价值高。

5. 前瞻性和可扩展性原则

规划、设计应具一定的前导和超前意识，确保在较长时期内先进和稳固，同时，还应具有良好的扩展性和升级能力，使平台能顺利地实现向更新一代设备、技术的平滑升级。

6. 安全性和保密性原则

从设备安全、网络安全、数据安全等多角度考虑平台的安全性和保密性，采用多种手段对安全性和保密性进行控制来确保业务信息的安全。

7. 标准性和规范性原则

本数据库建设应遵循和执行国家的统一标准和规范，数据分层、分类与编码、精度、符号等标准应参照已有的国家标准。在某些工序没有标准规范时，应根据农业行业应用情况实际制定可行的技术标准，但在国家发布新的技术标准后应符合新的国家标准。

8. 全面准确性原则

所涉及的数据库内容应该尽可能全面，字段的类型、长度都应该准确地反映业务处理的需要，所采用的字段类型、长度能够满足当前和未来的业务需要。

9. 松散耦合性原则

各个系统之间应遵循松散耦合性的原则，即在各个系统之间不设置强制性的约束关系。一方面避免级联、嵌套的层次太多；另一方面避免不同系统的同步问题。系统之间的联系可以通过重新输入、查询、程序填入等方式建立，系统之间的关联字段是冗余存储的。

（三）数据库逻辑结构

将概念结构转换为某个 DBMS 所支持的数据模型（例如关系模型），并对其进行优化。设计逻辑结构应该选择最适于描述与表达相应概念结构的数据模型，然后选择最合适的 DBMS。

将 E-R 图转换为关系模型实际上就是要将实体、实体的属性和实体之间的联系转化为关系模式，这种转换一般遵循如下原则。

（1）一个实体型转换为一个关系模式。实体的属性就是关系的属性。实体的码就是关系的码。

（2）一个 m：n 联系转换为一个关系模式。与该联系相连的各实体的码及联系本身的属性均转换为关系的属性。而关系的码为各实体码的组合。

（3）一个 1：n 联系可以转换为一个独立的关系模式，也可以与 n 端对应的关系模式合并。如果转换为一个独立的关系模式，则与该联系相连的各实体的码及联系本身的属性均转换为关系的属性，而关系的码为 n 端实体的码。

（4）一个 1：1 联系可以转换为一个独立的关系模式，也可以与任意一端对应的关系模式合并。

（5）3 个或 3 个以上实体间的一个多元联系转换为一个关系

模式。与该多元联系相连的各实体的码以及联系本身的属性均转换为关系的属性。而关系的码为各实体码的组合。

（6）同一实体集的实体间的联系，即自联系，也可按上述 1∶1、1∶n 和 m∶n 3 种情况分别处理。

（7）具有相同码的关系模式可合并。

为了进一步提高数据库应用的性能，通常以规范化理论为指导，还应该适当地修改、调整数据模型的结构，这就是数据模型的优化。确定数据依赖。消除冗余的联系。确定各关系模式分别属于第几范式。确定是否要对它们进行合并或分解。一般来说将关系分解为 3 NF 的标准，即：

表内的每一个值都只能被表达一次。

表内的每一行都应该被唯一的标识（有唯一键）。

表内不应该存储依赖于其他键的非键信息。

业务功能系统数据库采用分布式数据库和分布式文件系统相结合的方式对所有数据进行存储管理。数据库逻辑结构如图 5-24 所示。

（四）数据库组成

综合数据库包括用户信息库、发布数据库、地址数据库、农情数据库、地面观测数据库、影像数据库、农学模型数据库、元数据库等。数据库组成如图 5-25 所示。

1. 用户信息库

用户信息库主要记录数据中台用户信息、用户角色的系统权限和用户系统的个性化设置情况。用户账户和配置信息只有存储在用户信息库中，数据中台在验证了相关信息之后，才会分配给用户相应的使用权限。

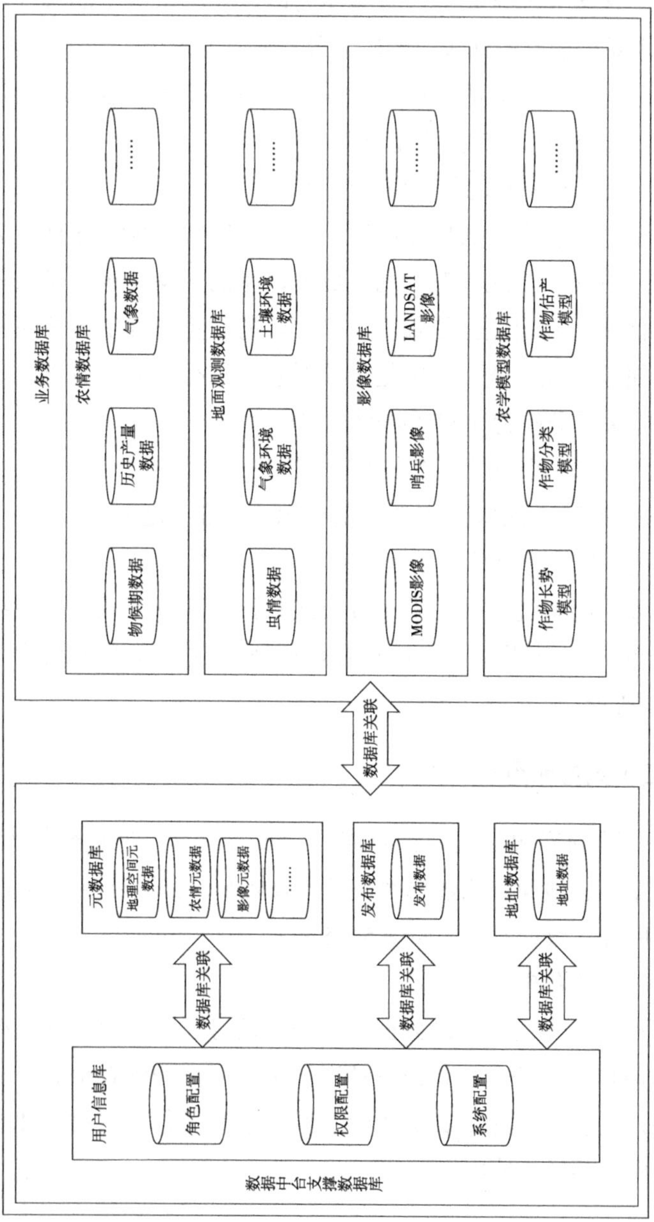

图 5-24 数据库逻辑结构

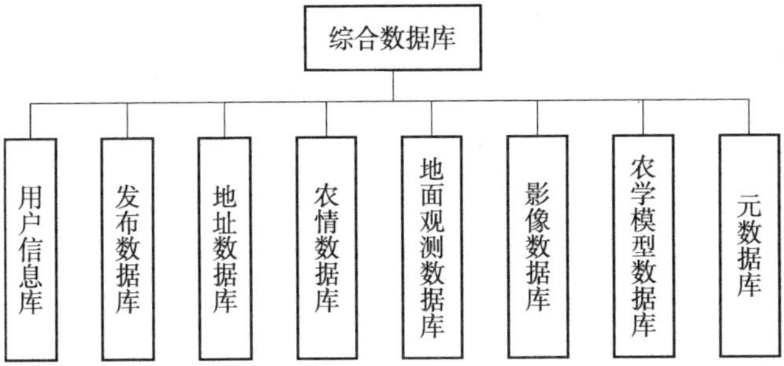

图 5–25 综合数据库组成

2. 发布数据库

针对系统平台的空间栅格数据和矢量数据，数据中台会对其进行切片，从而提高业务系统数据加载性能。发布数据库是对卫星影像数据、格点气象数据、矢量边界数据等切片后综合存储的数据库。

3. 地址数据库

地址库是存储发布后数据调用链接的数据库。针对发布后的空间栅格、矢量数据和其他入库存储的数据，地址库提供相应的链接，方便业务系统调用并加载，以协助实现业务系统地图、矢量等数据的加载显示。

4. 农情数据库

农情数据库根据农业种植情况，针对农情调研数据的编号、调研时间、调研区域、调研作物、物候期数据、历史产量数据和历史气象数据等数据进行建库。

农情调研数据的编号：当前农情调研数据编号，是数据识别依据。

调研时间：农情调研时间，具体到年月日。

调研区域：农情调研空间分布，明确具体区域。

调研作物：农情调研的作物种类，如小麦、玉米等。

物候期数据：农情调研作物的物候期，如播种期、收获期等。

历史产量数据：农情调研作物的历史产量数据。

历史气象数据：农情调研作物的历史气象数据。

5. 地面观测数据库

地面观测数据库包括对虫情信息数据、气象环境数据、土壤环境数据、外业采样数据和虫情调研数据等进行建库。

（1）虫情信息数据库。构建虫情信息数据库，存储虫情信息数据的编号、采集时间、采集区域、位置信息、作物类型、虫害名称、虫害个数和缩略图等数据。

虫情信息数据的编号：对当前虫情信息数据进行编号，作为数据识别依据。

采集时间：本次虫情信息数据采集的时间，具体到年月日。

采集区域：本次虫情信息数据的空间分布，明确具体区域。

位置信息：本次虫情发生的位置。

作物类型：本次发生虫情的作物种类，如小麦、玉米等。

虫害名称：本次发生虫情的虫害名称。

虫害个数：本次发生虫情的虫害个数，便于后期虫害治理提供一手资料，估算农药数量等。

缩略图：虫害发生区域的现场拍照图。

（2）气象环境数据库。构建气象环境数据库，存储气象环境数据的编号、采集时间、采集区域、位置信息、空气温度、空气湿度、光照度、降水量、风速和风向等数据。

气象环境数据的编号：指对当前气象环境数据进行编号，作为数据识别依据。

采集时间：本次气象环境数据采集的时间，具体到年月日。

采集区域：本次气象环境数据的空间分布，明确具体区域。

位置信息：本次气象环境数据采集发生的位置。

空气温度：本次气象环境数据采集时，空气温度数据，单位：℃。

空气湿度：本次气象环境数据采集时，空气湿度数据。

光照度：本次气象环境数据采集时，光照度数据。

降水量：本次气象环境数据采集时，降水量数据，单位：mm。

风速：本次气象环境数据采集时，每秒风的移动速度，单位：m/s。

风向：本次气象环境数据采集时，风吹的方向。

（3）土壤环境数据库。构建土壤环境数据库，存储土壤环境数据的编号、采集时间、采集区域、位置信息、土壤温度、土壤湿度、土壤含水率和土壤 pH 值等数据。

土壤环境数据的编号：当前土壤环境数据编号，是数据识别依据。

采集时间：本次土壤环境数据采集的时间，具体到年月日。

采集区域：本次土壤环境数据的空间分布，明确具体区域。

位置信息：本次土壤环境数据采集发生的位置。

土壤温度：本次土壤环境数据采集时，土壤温度数据，单位：℃。

土壤湿度：本次土壤环境数据采集时，土壤湿度数据。

土壤含水率：本次土壤环境数据采集时，土壤的含水率，单位：%。

土壤 pH 值：本次土壤环境数据采集时，土壤的酸碱度。

（4）外业采样数据库。构建外业采样数据库，存储外业采样数据的编号、采样时间、采样区域、采样作物、株高、单株茎蘖数、是否发病、缩略图、经度、纬度和地面光谱数据等数据。

外业采样数据的编号：对当前外业采样数据编号，是数据识别依据。

采样时间：本次外业采样的时间，具体到年月日。

采样区域：本次外业采样的空间分布，明确具体区域。

采样作物：本次外业采样的作物种类，例如小麦、玉米等。

株高：本次外业采样作物的株高，单位：m。

单株茎蘖数：本次外业采样作物的单株茎蘖个数。

是否发病：本次外业采样作物是否发生病虫害等。

缩略图：外业采样的现场拍照图。

经度：本次外业采样的经度。

纬度：本次外业采样的纬度。

地面光谱数据：本次外业采样时对作物的光谱采集数据。

6. 影像数据库

影像数据库实现对高分一号影像、高分二号影像和MODIS影像、哨兵影像、LANDSAT影像数据等进行建库。影像数据库主要包括以下内容。

（1）卫星影像数据。包括各波段的数据内容，例如MODIS数据中的B1、B2、B3、B4、B5、B6、B7（波长范围分别为620～670纳米、841～876纳米、459～479纳米、545～565纳米、1 230～1 250纳米、1 628～1 652纳米、2 105～2 155纳米）。影像数据库的卫星影像主要包括环境卫星（HJ-1A卫星、HJ-1B卫星）、资源三号测绘系列卫星（资源三号01星、资源三号02星）、中巴资源系列卫星（中巴资源04星）、资源国土系列卫星（资源一号02C）、高分系列星（高分一号、高分一号B/C/D、高分二号、高分三号、高分四号、高分五号、高分六号、高分七号）、Landsat、MODIS 等。

（2）通过指数或模型运算后的结果数据。包括卫星影像数据构建的 NDVI、LAI、叶片氮素和叶绿素等数据；利用农学模型计算获得的作物种植分布、长势、墒情等数据；气象格点预报、利用气象灾害模型获得的气象灾害预报结果等数据。

（3）基础地理信息数据。包括影像底图、土壤类型、土地利用等基础地理信息数据。

（4）矢量数据。省、市、县（县级市、市辖区）等矢量边界数据。

7. 农学模型数据库

农学模型数据库实现对作物分布提取模型、作物长势监测模型、作物苗情监测模型、作物估产模型、土壤墒情模型、气象灾害预警模型、主要农事预报模型的存储。

（1）作物分布提取模型。利用遥感影像数据，针对不同农作物构建的作物空间分布提取模型。

（2）作物长势监测模型。利用遥感影像数据，针对不同农作物不同生长发育阶段构建的反映作物生长状态的模型。

（3）作物苗情监测模型。利用遥感影像数据，针对不同农作物出苗期苗情情况构建的反映苗生长情况的模型。

（4）作物估产模型。利用遥感影像数据、作物分布结果和作物长势监测结果等数据，结合相关的农学模型，构建的反映当年作物产量的预测模型。

（5）土壤墒情模型。利用遥感影像数据，针对农作物种植区土壤环境特征构建的反映土壤墒情的模型。

（6）气象灾害预警模型。利用气象数据，针对不同作物构建的农作物干旱、风灾、洪涝等灾害的预警模型。

（7）主要农事预报模型。利用气象数据，针对农民等关心的播种、喷药、灌溉等主要农事构建的农事模型。

8. 元数据库

元数据是存储系统元数据的数据库，是将空间数据和文件数据采用统一的模型进行层级管理，实现了空间数据和文件数据的统一元数据模型，为数据后期的管理、服务和集成提供动态的目录服务、元数据服务和数据服务。用户可以按照元数据标准对影像数据进行分类入库、管理，根据设定的不同用户权限进行授权的访问、查询和显示，帮助数据生产者和用户解决地图类型、地图图例，包括图名、空间参考系统、图廓坐标、地图内容说明、比例尺和日期等问题。

元数据库主要存储业务功能系统数据库中各种数据的元数据，满足数据快速检索、定位、管理和信息资源的整合，改进数据库的有效存储，满足数据共享等。主要包括用户信息元数据、发布数据元数据、地址数据元数据、农情数据元数据、地面观测数据元数据、影像数据元数据、农学模型数据元数据等（表 5-3）。

表 5-3　元数据库建设一览表

数据类别	元数据库	建设属性	元数据内容	内容说明
用户信息	用户信息元数据	人工设置、自动记录	角色配置	用户账户信息
			权限配置	用户权限等级
			系统配置	用户可使用的系统功能
切片数据	发布数据元数据	新建	切片作者	切片数据的用户
			切片标题	切片数据的标题
			切片主题	切片内容的主题
			切片位置	切片数据存储位置

续表

数据类别	元数据库	建设属性	元数据内容	内容说明
路径	地址数据元数据	新建	数据使用平台	发布数据的使用平台，如WEB、ANDROID 等
			数据 URL	发布数据的链接
业务数据	农情数据元数据	新建	数据编号	数据统一编码序号
			数据时间	农情调研时间
			数据区域	农情调研区域
			作物类型	调研作物类型
			物候期	农情调研时作物的物候期
			历史产量	当前作物历史产量数据记录
			历史气象	当前区域历史气象数据记录
	地面观测数据元数据	新建	地面观测类型	地面观测数据类型，包括虫情信息、气象环境、土壤环境、外业采样等
			数据编号	地面观测数据采集编号
			数据时间	地面观测数据采集时间
			数据区域	地面观测数据的区域信息
			虫情信息	包括受害作物类型、虫害名称、虫害个数、虫害现场图片等数据位置、字段、编码等信息的记录
			气象环境	包括空气湿度、空气温度、光照度、降水量、风速、风向等数据位置、字段、编码等信息的记录

续表

数据类别	元数据库	建设属性	元数据内容	内容说明
业务数据	地面观测数据元数据	新建	土壤环境	包括土壤温度、土壤湿度、土壤含水率、土壤pH值等数据的位置、字段、编码等信息的记录
			外业数据	包括外业采样作物、株高、单株茎蘖数、发病情况、现场拍照等数据的位置、字段、编码等信息的记录
	影像数据元数据	新建	数据编号	影像数据编号
			数据内容标记	影像数据的类型记录，如卫星影像、指数或其他空间栅格数据
			卫星类型	采集影像的卫星，例如AQUA、TERRA、SENTINEL、GF系列等
			传感器	采集影像的传感器
			采集时间	卫星拍摄影像的时间
			产品序列号	影像产品的序列号，每个影像产品都有唯一的序列号，是数据标识的依据
			影像含云量	影像中有云数据的比例，含云量的多少决定了数据质量
			影像分辨率	影像的空间分辨率，即影像每个像素所代表的实际大小
			数据格式	数据存储的格式

续表

数据类别	元数据库	建设属性	元数据内容	内容说明
模型	农学模型数据元数据	新建	模型编号	农学模型的唯一编号
			模型标题	农学模型的名称
			模型主题	农学模型的类型，如作物估产、作物长势等

第六章　智慧农业遥感平台业务系统建设

本章介绍了智慧农业遥感平台业务系统的建设，包括业务系统概述和业务系统组成两部分，详细介绍了农作物的种植面积提取、长势监测、估产和农业灾害系统的建设，具有多元化、可视化的特点，更好地支撑国家粮食安全战略。

第一节　业务系统概述

面对粮食安全、数字农业和乡村振兴战略需求，基于天空地一体化协同观测技术，围绕农作物种植分布、长势、估产、农业灾害监测与气象预报等应用的需求，融合遥感技术和农作物种植分布提取、长势监测、作物产量估测、农业灾害监测等模型算法，形成农业农村业务监测成果，结合统计分析、对比分析等分析方法，实现空间数据、统计数据的可视化展示，形成多元化、广覆盖的农业农村业务应用系统。

第二节　业务系统组成

智慧农业遥感平台业务监测分系统包括作物种植面积提取

子系统、作物长势监测子系统、作物估产子系统和农业灾害监测与预警子系统。分系统组成如图 6-1 所示。

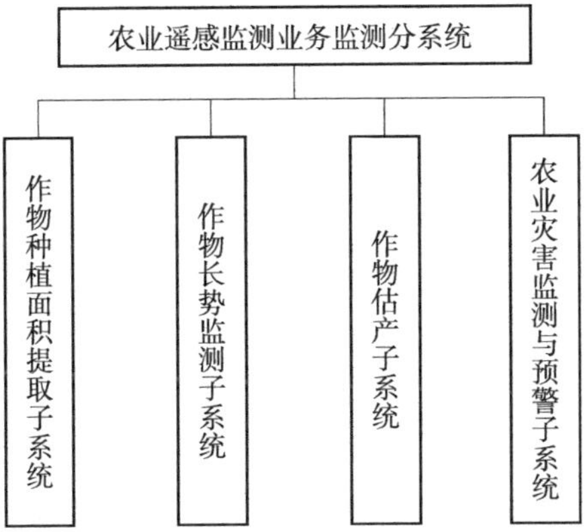

图 6–1　农业遥感监测业务监测分系统组成

一、作物种植面积提取子系统

（一）子系统概述

利用中低分辨率遥感影像提取作物分类种植面积的精度，往往难以满足农业遥感估产的需要。随着新型传感器的不断出现，应用高分辨率遥感影像高精度地提取作物分类面积日益成为发展趋势。

作物种植面积提取子系统利用高分、哨兵等海量卫星遥感数据，基于面向对象分类和光谱特征识别技术，耦合平原、丘陵、山区及耕地土地利用信息，实现农作物时序空间分布信息往年追溯及现状提取；利用作物空间分布特征，计算和统计作物种植面积，服务于农作物种植情况本底和变化调查。

（二）子系统组成

作物种植面积提取子系统主要包括农作物种植分布模块、

模型研制模块、对比分析模块、分布信息统计模块、专题图与报告生成模块和图层工具等模块。子系统组成如图 6-2 所示。

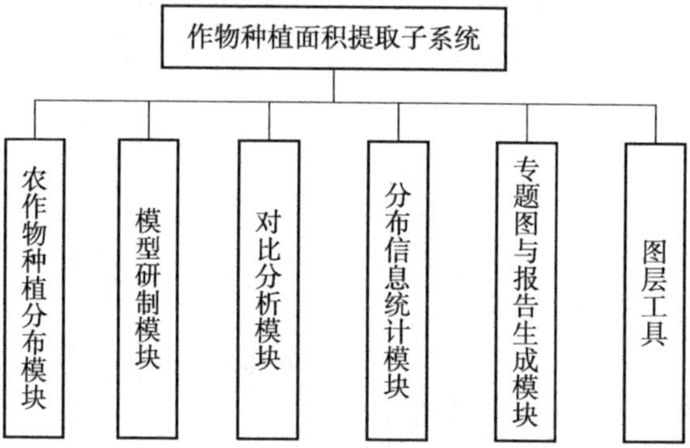

图 6-2　作物种植面积提取子系统组成

（三）子系统流程（图 6-3）

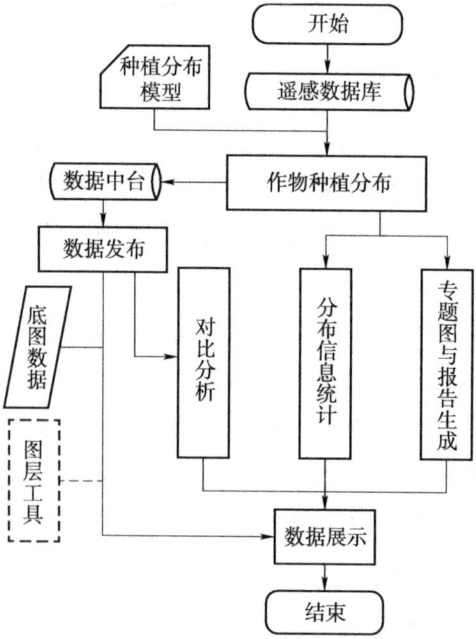

图 6-3　作物种植面积提取子系统流程

1. 数据准备

遥感影像自动化处理子系统可对作物种植面积提取所需的遥感数据进行提取和批量处理，为作物面积提取子系统提供数据保障。

2. 作物种植面积提取

利用构建的作物种植分布模型，引入作物种植面积提取所需的经遥感影像自动化处理子系统处理后的遥感数据，实现作物分布提取，并生成提取结果。

3. 空间数据发布展示

将作物分布提取结果数据入库存储，数据经过数据中台发布，接入作物种植面积子系统，实现作物种植面积提取结果的空间展示。

4. 统计分析结果展示

通过对作物提取结果的对比、统计分析，形成分析结果，完成专题图与报告生成，通过接入作物种植面积子系统实现相关信息的展示，并输出专题图与报告。

（四）子系统接口

子系统内部及子系统之间通过数据接口进行数据交换，子系统数据接口如图 6–4 所示。

子系统内部及子系统之间数据接口的数据交换信息和信息类型的说明如表 6–1 所示。

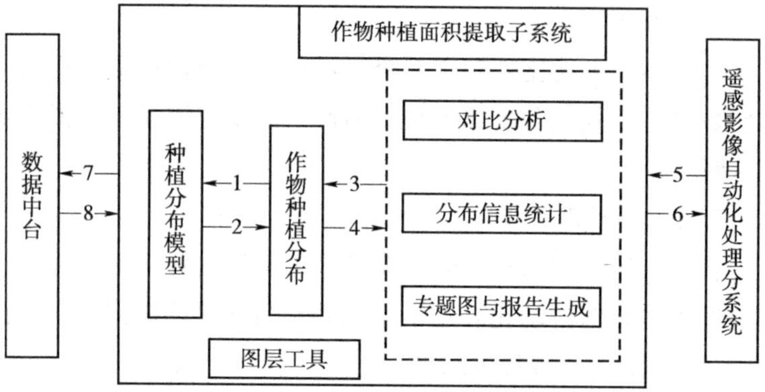

图 6–4　作物种植面积提取子系统接口设计

表 6–1　作物种植面积提取子系统接口说明

序号	发送方	接收方	交换信息	信息类型
1	作物种植分布	作物种植分布模型	提交需求指令	指令
2	作物种植分布模型	作物种植分布	对应作物的种植分布提取模型	模型
3	对比分析分布信息统计专题图与报告生成	作物种植分布	分析结果需求数据	指令
4	作物种植分布	对比分析 分布信息统计 专题图与报告生成	作物种植分布提取结果	数据
5	遥感影像自动化处理分系统	作物种植面积提取子系统	自动化处理后的影像	数据
6	作物种植面积提取子系统	遥感影像自动化处理分系统	需求数据信息	指令
7	作物种植面积提取子系统	数据中台	系统展示需求数据	指令
8	数据中台	作物种植面积提取子系统	需求数据切片发布	数据

（五）子系统功能模块

1. 农作物种植提取模型

面向山东省主要农作物冬小麦、夏玉米等，利用已经预处理完成的各类卫星影像，建立适用于山东地区的作物种植分布提取模型，实现高精度作物种植分布区域解译。作物种植面积提取的主要分类模型包括但不限于以下几种方式。

（1）面向对象分类。面向对象分类是一种先进的影像分类技术，其核心思想是将相邻像元聚合为具有相似特征的对象单元，进而实现对感兴趣地物的精确识别。该技术通过充分融合高分辨率全色影像和多光谱数据的空间特征、纹理信息和光谱属性，结合图像分割与分类算法，显著提高了遥感影像的解译精度。面向对象分类主要包括发现对象（Find Object）和特征提取（Extract Features）两个部分。

（2）光谱特征识别。

①光谱吸收特征参数：地物光谱曲线反映了地物的吸收和反射特征，大多数地物具有典型的光谱波形特征。从光谱曲线中提取的光谱吸收特征可以用吸收波长波段位置、反射值、深度、宽度、斜率、对称度、面积等参数表示。

②光谱编码：为了压缩高光谱的大量数据，更有效且充分地利用数据的有效信息，最早提出的是二值编码算法。二值编码技术能使光谱匹配过程快速有效，在一定程度上满足了高光谱数据的处理要求。

③光谱分析：利用光谱特征参数可以对地物进行识别和分类，如对同类地物光谱曲线特征求交得到识别地物的有效特征；对不同类地物光谱曲线特征求交得到区分不同类地物的有效特征，从而达到快速识别实现地物分类的目的。

④光谱编码匹配：运用二值和四值编码技术对原始光谱曲线进行处理，并对它们进行匹配。匹配时计算匹配波段数占总波段数的比例，得到匹配比。

⑤识别决策的建立：决策数是遥感图像分类中广泛应用的方法。它通过一定的规则对输入的数据集进行分类，其基本思想是通过一些判断条件对原始数据集逐步进行二分和细化。其中每个分叉点代表一个决策判断条件，每个分叉点下有两个叶节点，分别代表满足和不满足条件的类别。

2. 农作物种植分布模块

（1）模块概述。农作物种植分布模块以山东省电子地图（包括矢量地图和卫星影像地图等）为底图，将种植分布提取结果制成分布地图基于平台展示，并实现分作物，分区域展示功能。新增两项功能，一是对不同品种的种植面积、产量和产值的统计；二是对全国和山东省种植情况进行排名。

（2）模块组成。农作物种植分布模块主要包括作物分布展示、区域选择、时间选择和作物选择等功能。模块组成如图 6-5 所示。

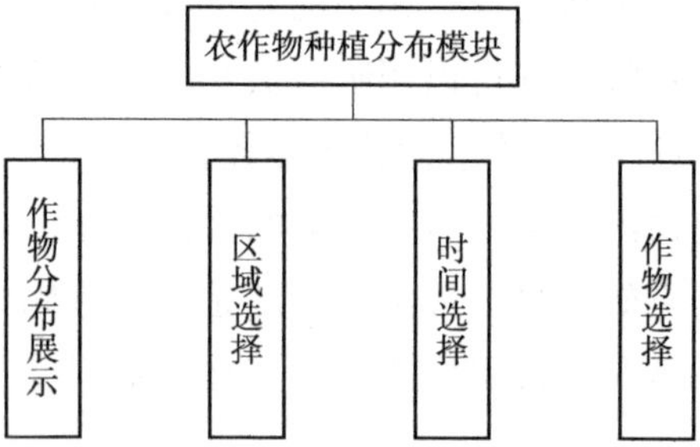

图 6-5　作物种植分布模块组成

①作物分布展示：将作物种植面积结果的空间分布数据在矢量底图和卫星影像底图上叠加展示。展示内容为不同作物的空间分布，实现对每种作物种植区域的展示，并配以相应的图

例。同时在顶部展示作物的总种植面积、种植面积排名、夏收粮食面积和秋收粮食面积等信息。对底图进行了技术优化，采用 0.8 米遥感影像作为底图。

②区域选择：针对不同用户所关心的重点区域作物种植分布信息结果的情况，提供区域选择功能。通过选择山东省所辖地级市，甚至是地级市所辖县（县级市、市辖区），将作物估产结果精确到所选地区，从而使用户更加了解当前地区的作物产量估测情况，辅助粮食生产决策和相关激励等政策的制定。

③时间选择：通过年份选择，也可查看历年农作物种植区域的分布，有助于明确当地农作物种植制度、农用地变化的情况。

④作物选择：平台应包含小麦、玉米、水稻、大豆、花生、棉花等作物。针对不同的作物估产情况，提供作物选择功能，将不同的农作物估产结果叠加显示，在结合了区域选择功能之后，可更加直观地分析当前作物、当前区域的农作物种植分布情况。界面友好，可以通过后台配置增删改作物选择类型。

3. 对比分析模块

（1）模块概述。根据不同时期的作物种植分布等结果，选择不同的对比影像数据，通过卷帘功能实现不同时期、不同类型两幅影像的对比。

（2）模块组成。对比分析模块主要包括卷帘、影像选择等功能。模块组成如图 6-6 所示。

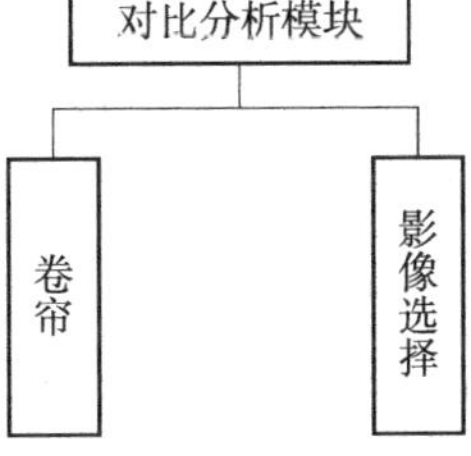

图 6-6　对比分析模块组成

①卷帘：卷帘功能实现不同日期影像的对比。卷帘窗口的两侧展示不同日期的影像，通过移动卷帘功能的控制图标调整两幅影像的显示区域，查看两幅影像所表征的同一位置影像结果信息的变化情况，以实现不同时期影像的对比展示，并完成变化信息的获取。

②影像选择：卷帘功能影像对比的影像数据，可通过影像日期选择来确定，通过选择不同的影像日期，可以实现当期对多期影像变化的对比、多期影像之间的对比、不同监测结果类型的对比，从而丰富影像对比功能，辅助农业生产决策。

4. 分布信息统计模块

（1）模块概述。根据提取的农作物种植分布数据，对山东省主要冬小麦等主要农作物的面积、分布等进行统计，并配以图表来展示相关的统计信息结果。

（2）模块组成。农作物种植分布模块主要包括作物种植面积展示、区域选择、作物选择、作物种植结构、种植面积变化、辖区农作物播种面积排名等功能。模块组成如图 6-7 所示。

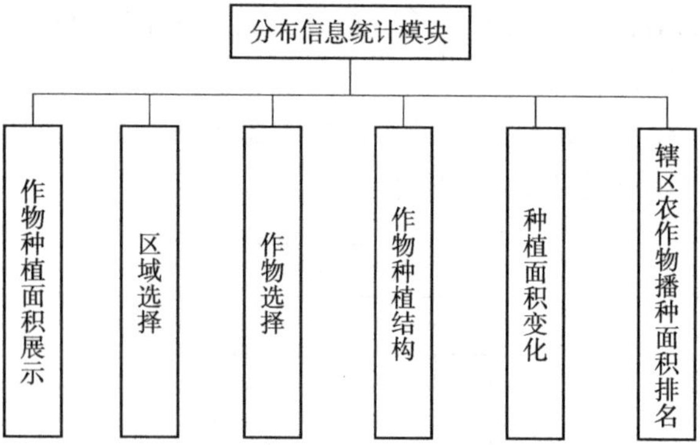

图 6-7　分布信息统计模块组成

①作物种植面积展示：将各地级市作物种植总面积统计结

果数据叠加显示在矢量底图、卫星影像底图和作物种植空间分布图上。展示内容为各地级市作物种植总面积柱状图，实现每一地级市作物种植总面积的空间展示。

②区域选择：针对不同用户所关心的重点区域农作物分布情况统计结果，提供区域选择功能。通过选择山东省所辖地级市，甚至是地级市所辖县（县级市、市辖区），将种植面积提取结果精确到所选地区，从而使用户更加了解当前区域农作物种植情况。

③作物选择：针对不同的作物分布信息统计需求，提供作物选择功能，根据不同的作物选择不同的统计结果数据，在结合了区域选择功能之后，可更加直观地分析当前作物、当前区域的农作物种植分布情况。

④作物种植结构：针对不同作物的种植面积提取结果，按照粮食作物、蔬菜、食用菌、油料作物、棉花等进行归类处理，统计不同类别作物的种植面积总量占比，分析种植结构组成情况，并以统计图表的方式展示相关统计信息结果。

⑤种植面积变化：通过对全区域农作物历年播种面积的统计，以曲线的形式展示多年农作物播种面积变化的情况，分析多年农作物种植面积变化的趋势，同时对农作物播种面积最大、最小的年份进行标记，明确全区域农作物播种情况，为保证国家粮食生产、协助制定农作物保产措施提供参考。

⑥辖区农作物播种面积排名：通过整合提炼所选地区各县（县级市、市辖区）的农作物播种面积情况，以列表的形式按各县（城市区、县级市）播种面积大小进行排名展示，并突出排名前三的辖区农作物播种面积情况，使用户直观了解当前区域农作物种植的整体信息。

5. 专题图与报告生成模块

（1）模块概述。依据作物种植分布结果和农作物种植结构、种植面积等统计分析结果，实现相关数据的专题图制作，并基于报告模板生成报告。

（2）模块组成。专题图与报告生成模块主要包括时间选择、作物选择、专题图与报告导出等功能。模块组成如图 6-8 所示。

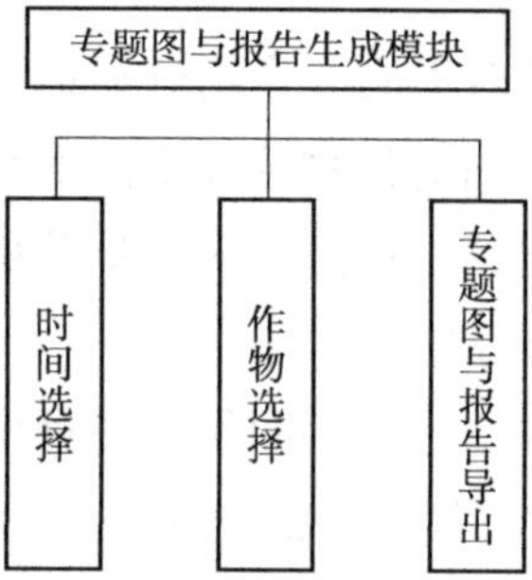

图 6-8　作物种植面积提取专题图与报告生成模块组成

①时间选择：不同农作物在不同时间、不同季节、不同年份的种植制度有所差异，其对应的空间分布特征、分布信息统计结果等不同，时间选择功能可根据所选时期的作物种植分布分析结果，形成针对当前时间的专题图与报告。

②作物选择：不同时间农作物的类型、种植分布特征、分布信息统计结果等不同，作物选择功能可根据所选作物在给定时间内的不同作物的种植分布分析结果，为形成针对当前作物的专题图与报告提供约束，使专题图与报告结果更具针对性。

③专题图与报告导出：专题图报告可以通过选择报告的时间和农作物的类型，形成对应时间内专题报告的正文，并根据

当前时段农作物生育期和生长状态的特点，提供农作物种植指导意见，同时会以图片的形式提供农作物种植面积的专题图和统计图表，用户可通过【导出】功能将专题图与报告导出至本地查看。

6. 图层工具

（1）模块概述。图层工具针对作物种植面积提取的空间结果，提供相应的显示控制，实现从不同角度、不同方位查看不同地区、不同位置的作物种植面积提取结果；通过面积、距离等测量工具也可以轻松实现关注点之间的距离测量、关注区域的面积测量等基础功能，辅助农事活动的执行。

（2）模块组成。图层工具提供距离测量、面积测量、放大、缩小、图层选择、指北针等功能，点击相应的基础工具图标，实现相应的基础功能。模块组成如图 6-9 所示。

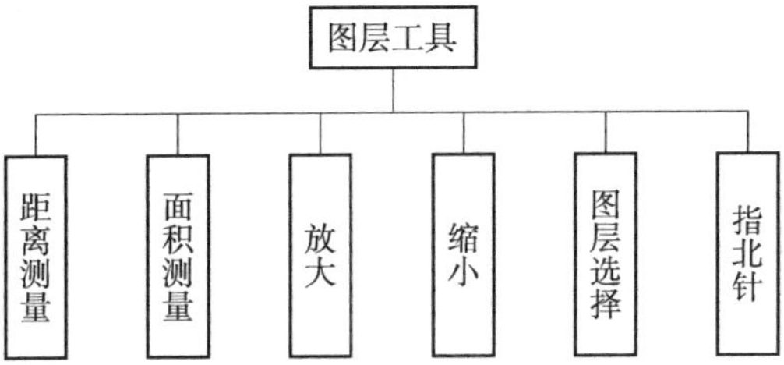

图 6-9　作物种植面积提取子系统图层工具组成

①距离测量：实现地图两点之间的距离测量并将测量结果在地图上标注。首先点击距离测量功能图标，激活距离测量功能，其次选择地图上的一点，之后点击地图上的另一个位置确定第二个点，双击左键可计算两点之间的距离并将距离测量结果标注在地图上。

②面积测量：实现地图所选区域内面积测量并将测量结果在地图上标注。首先点击面积测量功能图标，激活面积测量功

能，其次选择地图上的一点，之后点击地图上的其他位置确定其他点，面积测量功能所需的点至少为 3 个，双击左键可计算所有选择的点围成的多边形的面积并将面积测量结果标注在地图上。

③放大：实现地图的放大显示功能。点击放大功能图标，激活放大功能，地图实现一定比例的放大显示；再次点击放大工具图标，可继续对地图进行放大；连续点击多次可实现地图的连续放大。

④缩小：实现地图的缩小显示功能。点击缩小功能图标，激活缩小功能，地图实现一定比例的缩小显示；再次点击缩小工具图标，可继续对地图进行缩小；连续点击多次可实现地图的连续缩小。

⑤图层选择：实现不同底图的切换功能。点击图层选择图标，可查看当前页面中加载或者可加载的全部图层信息，可通过选择要加载的图层实现图层切换，满足不同用户的底图需求。

⑥指北针：地图旋转可通过鼠标右键实现。点击鼠标右键并拖动鼠标，可实现地图的旋转、倾斜等功能，实现地图的不同视角展示，满足不同用户对地图展示信息角度观测的需求。

指北针功能针对旋转后的地图提供恢复默认显示方向。通过点击指北针图标，激活指北针功能，恢复地图的默认显示。

二、作物长势监测子系统

（一）子系统概述

建立农作物苗情、长势墒情监测指标和反演模型，利用高性能、高可扩展性、高可用性的云计算技术，通过分布式存储与并行计算模型，在多源卫星数据标准化处理的基础上，进行作物生物物理、生物化学参量反演，实现包括作物植被指数、叶面积指数、叶绿素和叶片氮素等参数的业务化生产，实现作物生长全周期长势监测，进行不同生长期长势情况对比，提取长势异常区域，针对性进行专家分析。

（二）子系统组成

作物长势监测子系统主要包括苗情监测、长势监测、墒情监测、苗情长势和墒情模型研制、专家分析、历史对比、专题图与报告生成和图层工具等模块。子系统组成如图 6-10 所示。

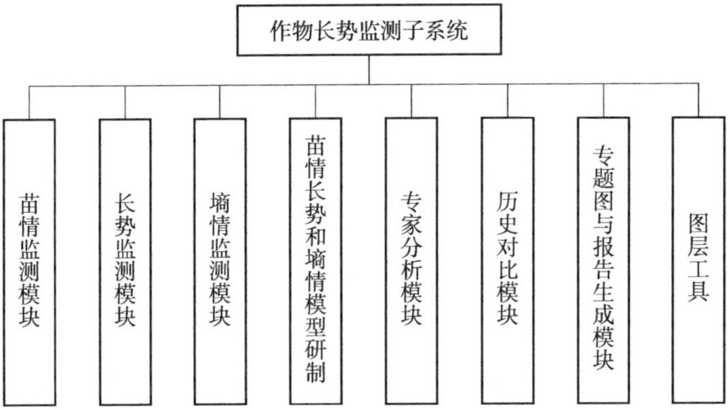

图 6-10　作物长势监测子系统组成

（三）子系统流程（图 6-11）

1. 数据准备

遥感影像自动化处理分系统可对作物长势监测所需的遥感数据进行提取和批量处理，为作物长势监测子系统提供数据保障。

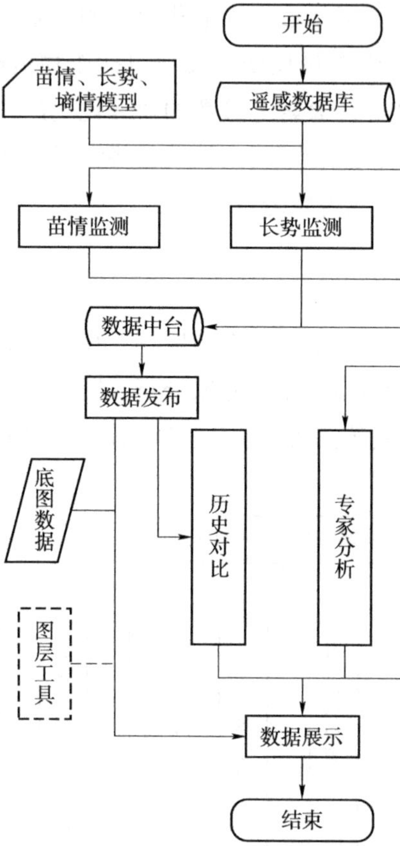

图 6–11 作物长势监测子系统流程

2. 苗情、长势和墒情监测

利用构建的作物苗情、长势和墒情模型，引入作物苗情、长势和墒情监测所需的经遥感影像自动化处理分系统处理后的遥感数据，实现作物苗情、长势和墒情监测，并生成监测结果。

3. 空间数据发布展示

将作物苗情、长势和墒情监测结果数据入库存储，数据经过数据中台发布，接入作物长势墒情子系统，实现作物苗情、长势和墒情监测结果的空间展示。

4. 统计分析结果展示

通过对作物墒情监测结果的对比、统计分析，形成分析结果，完成专题图与报告生成，通过接入作物长势监测子系统实现相关信息的展示，并输出专题图与报告。

（四）子系统接口

子系统内部及子系统之间通过数据接口进行数据交换，子系统数据接口如图 6-12 所示。

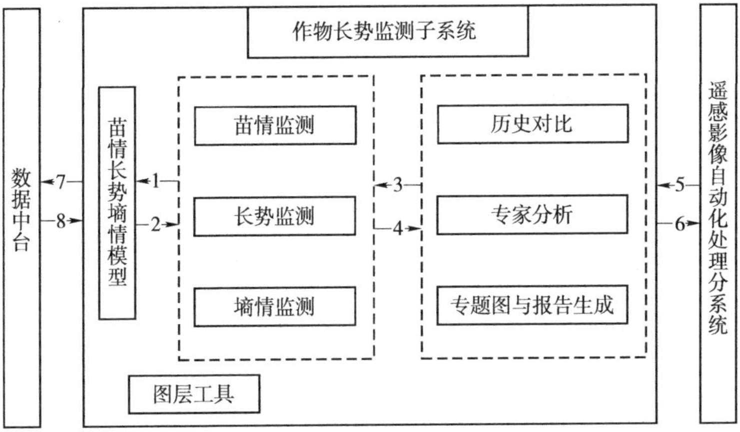

图 6-12　作物长势监测子系统接口设计

子系统内部及子系统之间数据接口的数据交换信息和信息类型的说明如表 6-2 所示。

表 6–2 作物长势监测子系统接口说明

序号	发送方	接收方	交换信息	信息类型
1	苗情监测 长势监测 墒情监测	苗情长势墒情模型	提交需求指令	指令
2	苗情长势墒情模型	苗情监测 长势监测 墒情监测	对应作物的苗情、长势或墒情模型	模型
3	历史对比 专家分析 专题图与报告生成	苗情监测 长势监测 墒情监测	分析结果需求数据	指令
4	苗情监测 长势监测 墒情监测	历史对比 专家分析 专题图与报告生成	苗情监测结果、长势监测结果、墒情监测结果	数据
5	遥感影像自动化处理分系统	作物长势监测子系统	自动化处理后的影像	数据
6	作物长势监测子系统	遥感影像自动化处理分系统	需求数据信息	指令
7	作物长势监测子系统	数据中台	系统展示需求数据	指令
8	数据中台	作物长势监测子系统	需求数据切片发布	数据

（五）子系统功能模块

1. 苗情长势和墒情模型

研制面向山东省冬小麦的长势、墒情监测模型。

（1）作物长势监测模型。作物长势定义为包括个体和群体两方面的特征，叶面积指数LAI是与作物个体特征和群体特征有关的综合指标，可以作为表征作物长势的参数。利用红波段和近红外波段的遥感信息，得到的归一化植被指数（NDVI）与作物的叶面积指数（LAI）和生物量呈正相关，可以用遥感图像获取作物的NDVI曲线反演计算作物的LAI，进行作物长势监测。

农作物长势遥感监测：大尺度的农作物长势监测可以为农业政策的制定和粮食贸易提供决策依据，也是农作物产量估测的必要前提。

农作物长势监测主要包括实时监测和过程监测。实时监测主要指利用实时NDVI图像的值通过其与上年或多年平均，以及指定某一年的对比反映实时的作物生长差异，可以对差异值进行分级，统计和显示区域的作物生长状况。过程监测主要是通过时序NDVI图像来构建作物生长过程，通过生长过程的年际间的对比来反映作物生长的状况，也称随时间变化监测。作物生长期内通过卫星绿度值随时间的变化，可动态地监测作物的长势。且随着卫星资料的积累，时间变化曲线可与历年的长势进行比较，如与历史上的高产年、平年和低产年，以及农业农村部门习惯的上一年等。通过比较寻找出当年与典型年曲线间的相似和差异，从而作出对当年作物长势的评价。可以统计生长过程曲线的特征参数包括上升速率、下降速率、累计值等各种特征参数。借以反映作物生长趋势上的差异。

①直接监测方法：直接监测的方法是直接使用遥感获取的参数值（如NDVI等）与作物的长势进行相关分析，并找出相互之间的关系。

②作物生长过程监测方法：对农作物NDVI时间曲线的分

析，可以了解作物的生长状况和态势，提取作物生长过程特征值（如生长率、成熟率等），并使用这些特征值来实现作物长势的定量或半定量监测。通过分析过程监测中不同指数与作物单产的关系，发现 LAI、NPP、NDVI 3 种指数的监测效果较好，同时针对其空间上和作物间的差异建立了作物长势过程监测指标集，弥补了同期对比方法只能反映一个较短时间内作物长势的缺点。

③作物生长模型方法：作物生长模型的基本思想是以数学公式的方式来反映作物的生长过程，其根本驱动力都是作物冠层截获辐射能量的量，并进行光合作用生产出干物质的过程。作物生长模型可以较为真实地反映作物生长过程，精确地监测作物长势，现时遥感数据的引入使这些模型的大尺度应用成为可能。大量农学参数仍然较难获取，参数的缺乏使这些模型的应用受到了较大的限制。

（2）土壤墒情监测模型。土壤墒情是反映土壤中水分状况的指标，农业农村部门对土壤墒情的及时准确预报，对指导农作物的管理有着重要的意义。

农田墒情遥感监测是利用卫星遥感影像上植被含水量光谱特征值的不同进行分析。植被指数（NDVI）能够反映绿色植物生长和分布特征，其时空变化与土壤水分状况有一定的相关性。一般来讲，当作物缺水时，作物的生长将受到影响，植被指数将会降低，植被冠层温度升高则是植物受到水分胁迫的最初指示器。由植被指数（NDVI）和冠层温度（LST）计算的植被供水指数（VSWI）可用于监测植被覆盖度高的时期或区域，如山东省 4—6 月的小麦种植区、8 月下旬到 9 月上旬的玉米种植区等的土壤墒情。一般来说，植被供水指数值越小，表明区域受旱越严重，反之则表明没有受到干旱的影响。根据中国气象局制定的干旱划分标准，我们将 VSWI 划分为 6 个等级（表 6-3），分别代表重旱、中旱、轻旱、正常、湿润、过湿。

表 6-3 土壤墒情等级划分标准

过湿	MEAN+3SD＜VSWI≤MAX
湿润	MEAN+SD＜VSWI≤MEAN+3SD
正常	MEAN＜VSWI≤MEAN+SD
轻旱	MEAN-SD<VSWI≤MEAN
中旱	MEAN-3SD＜VSWI≤MEAN-SD
重旱	VSWI≤MEAN-3SD

注：MEAN 代表所有栅格数值的平均值，SD 为标准差，MAX 为最大值。

在开展土壤墒情遥感监测时，利用卫星遥感影像，合成 16 天植被指数产品和 8 天地表温度产品，计算植被供水指数（VSWI），并结合不同生育期作物生长需水状况，生成全省作物种植区墒情图。

2. 苗情监测模块

（1）模块概述。面向山东省主要农作物冬小麦等，在已经预处理完成的各类卫星影像基础之上，进行作物苗情监测，将苗情监测结果通过平台进行展示，可查看时间序列监测结果。

（2）模块组成。苗情监测模块主要包括苗情监测结果展示、增强植被指数、时间轴、区域选择、作物选择、当期苗情、历史同期苗情、历史同期增强植被指数变化。模块组成如图 6-13 所示。

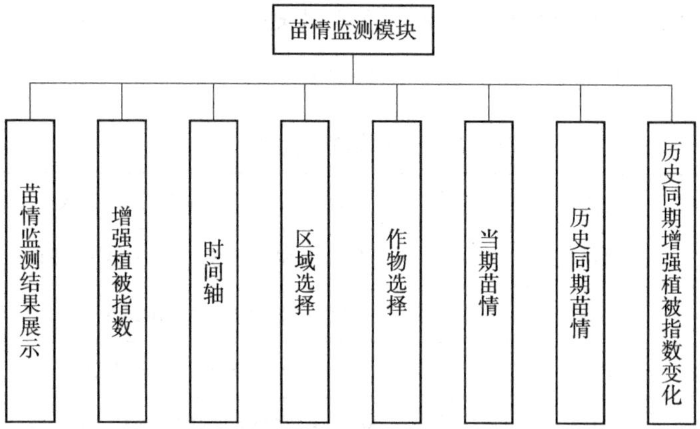

图 6–13　苗情监测模块组成

①苗情监测结果展示：利用传统方法进行苗情评估，将苗情评估结果的空间分布数据在矢量底图和卫星影像底图上叠加展示。展示内容为作物不同生长阶段的苗情分级结果，实现对每种作物苗情的展示，并配以相应的图例，苗情分为极差、较差、一般、良好、旺长 5 类。同时在顶部展示作物类型、苗情具体日期、所属生育期、播种面积等信息。

②增强植被指数：利用增强植被指数进行苗情监测，并将增强植被指数评估结果的空间分布数据在矢量底图和卫星影像底图上叠加展示。展示内容为作物不同生长阶段的增强植被指数评估分级结果，实现对每种作物增强植被指数苗情评估的展示，并配以相应的图例，苗情分为极差、较差、一般、良好、旺长 5 类。同时在顶部展示作物类型、苗情具体日期、所属生育期、播种面积等信息。

③时间轴：提供时间轴展示功能。时间轴可以查看当期农作物的主要生育期（冬小麦为播种、出苗、分蘖、越冬、返青、起身、拔节、抽穗开花、灌浆成熟等时期，时间从当年 9 月至

翌年 6 月）时间，可通过选择影像日期或点击生育期内有数据标志的位置可查看对应时间的作物苗情监测结果，苗情监测结果的影像会在地图上叠加显示。同时，点击左侧播放按钮，可对生育期内苗情监测结果动态播放，用户可直观看到苗期不同时段内苗情的空间变化情况，明确变化趋势。

④区域选择：针对不同用户所关心的重点区域农作物苗情变化的情况，提供区域选择功能。通过选择地级市，甚至是地级市所辖县（县级市、市辖区），将苗情监测结果精确到所选地区，从而使用户更加了解当前区农作物苗期苗情情况。

⑤作物选择：平台应包含小麦、玉米、水稻、大豆、花生、棉花等作物。针对不同作物的苗情监测需求，提供作物选择功能，将不同的农作物苗情监测结果进行展示，在结合了区域选择功能之后，可更加直观地分析当前区域农作物苗期的实际苗情情况，从而指导农业田间管理措施的实施。

⑥当期苗情：针对当前时段的苗情监测结果，统计不同苗情农作物的面积。苗期苗情以极差、较差、一般、良好、旺长 5 类苗情作物统计依据，确定不同苗情的面积和面积占比情况，通过不同的图标展示苗期不同苗情的状态，直观反映苗情特点。

⑦历史同期苗情：通过整合提炼多年同期苗情特征，以图表的形式展示多年来同期苗情的变化特征，结合当期农作物苗情信息，可分析当年农作物苗期苗情的整体情况，并为全年农作物生产提供参考。

⑧历史同期增强植被指数变化：通过整合提炼多年同期增强植被指数结果，以图表的形式展示多年来同期增强植被指数的变化特征，结合当期农作物增强植被指数的信息，可从另一角度反映当年农作物苗期苗情的整体情况，同时为全年农作物生产提供参考。

3. 长势监测模块

（1）模块概述。面向山东省主要农作物冬小麦等，在已经预处理完成的各类卫星影像基础之上，进行作物长势监测，包括作物叶面积指数、叶绿素等主要长势指标。将监测结果通过平台进行展示。可查看时间序列监测结果。

（2）模块组成。长势监测模块主要包括长势监测结果展示、时间轴、区域选择、作物选择、当期作物长势、全生育期长势变化、上年同期长势对比。模块组成如图 6-14 所示。

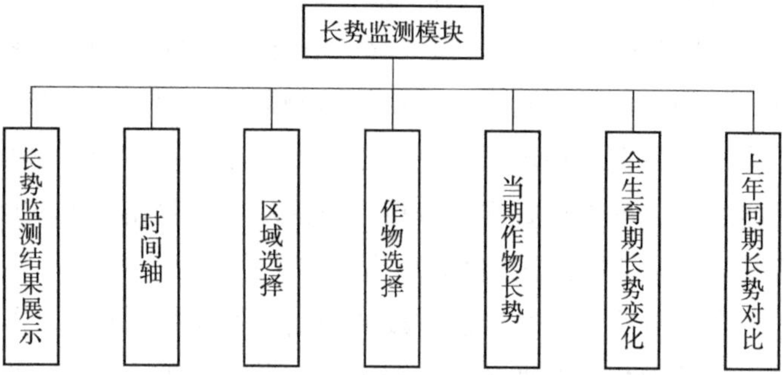

图 6-14　长势监测模块组成

①长势监测结果展示：将作物长势分析结果的空间分布数据在矢量底图和卫星影像底图上叠加展示。展示内容为作物不同生长阶段的长势评估结果，实现对每种作物长势的展示，此外，也提供农作物叶面积指数、作物冠层含水量、作物叶绿素反演结果、叶片氮素结果的展示，每种监测结果均配以相应的图例。同时在顶部展示作物类型、苗情具体日期、所属生育期、播种面积等信息。多指数综合分析可以提高长势监测精度，优化长势监测指标。

②时间轴：提供时间轴展示功能。时间轴可以查看当期农作物的主要生育期（冬小麦为播种、出苗、分蘖、越冬、返青、

起身、拔节、抽穗开花、灌浆成熟等时期，时间从当年 9 月至翌年 6 月）时间，可通过选择影像日期或点击生育期内有数据标志的位置可查看对应时间的作物长势监测结果，长势监测结果的影像会在地图上叠加显示。同时，点击左侧播放按钮，可对生育期内长势监测结果动态播放，用户可直观看到生育期内不同时段长势的空间变化，明确变化趋势。

③区域选择：针对不同用户所关心的重点区域农作物长势变化的情况，提供区域选择功能。通过选择山东省所辖地级市，甚至是地级市所辖县（县级市、市辖区），将农作物长势监测结果精确到所选地区，从而使用户更加了解当前区农作物长势情况。

④作物选择：平台应包含小麦、玉米、水稻、大豆、花生、棉花等作物。针对不同作物的长势监测需求，提供作物选择功能，将不同的农作物长势监测结果进行展示，在结合了区域选择功能之后，可更加直观地分析当前区域农作物生育期的实际长势情况，从而指导农业田间管理措施的实施。

⑤当期作物长势：针对当前时段的长势监测结果，统计不同长势农作物的面积。生育期长势很差、差、中等、好、很好 5 类长势作为统计依据，确定不同长势的面积和面积占比情况，通过不同的图标展示生育期作物不同长势的状态，直观反映长势特点。

⑥全生育期长势变化：通过整合提炼多年同期长势特征，以图表的形式展示多年来同期长势的变化特征，对差于平均值、优于平均值的时段采用不同的颜色区分。在结合当期农作物长势信息后，可分析当年农作物生育期长势的整体情况，并为全年农作物生产提供参考。

⑦上年同期长势对比：通过提炼当期和上年同期农作物的

冠层含水量、长势评估结果、叶面积指数等信息，整体评价今年农作物长势情况，从而对当年农作物生长情况有初步的了解，指导后续农作物田间管理措施的实施。

4. 墒情监测模块

（1）模块概述。面向山东省主要农作物冬小麦等，在已经预处理完成的各类卫星影像基础之上，进行土壤墒情监测，将监测结果通过平台进行展示。可查看时间序列监测结果。

（2）模块组成。墒情监测模块主要包括墒情监测结果展示、时间轴、区域选择、作物选择、当期土壤墒情、全生育期墒情变化。模块组成如图 6-15 所示。

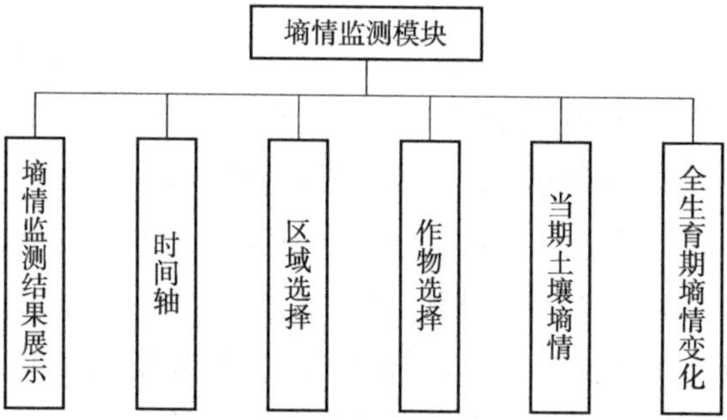

图 6-15　墒情监测模块组成

①墒情监测结果展示：将作物墒情分析结果的空间分布数据在矢量底图和卫星影像底图上叠加展示。展示内容为作物不同生长阶段的墒情评估结果，实现对土壤墒情的展示，并配以相应的图例。同时在顶部展示作物类型、苗情具体日期、所属生育期、播种面积等信息。

②时间轴：提供时间轴展示功能。时间轴可以查看当期农作物的主要生育期（冬小麦为播种、出苗、分蘖、越冬、返青、起身、拔节、抽穗开花、灌浆成熟等时期，时间从当年 9 月至

翌年 6 月）时间，可通过选择影像日期或点击生育期内有数据标志的位置可查看对应时间的墒情监测结果，墒情监测结果的影像会在地图上叠加显示。同时，点击左侧播放按钮，可对生育期内墒情监测结果动态播放，用户可直观看到生育期内不同时段墒情的空间变化，明确变化趋势。

③区域选择：针对不同用户所关心的重点区域土壤墒情变化的情况，提供区域选择功能。通过选择山东所辖地级市，甚至是地级市所辖县（县级市、市辖区），将土壤墒情监测结果精确到所选地区，从而使用户更加了解当前区土壤墒情情况。

④作物选择：平台应包含小麦、玉米、水稻、大豆、花生、棉花等作物。针对不同作物的土壤墒情监测需求，提供作物选择功能，将不同的墒情监测结果进行展示，在结合了区域选择功能之后，可更加直观地分析当前区域农作物生育期的土壤墒情情况，从而指导农业田间管理措施的实施。

⑤当期土壤墒情：针对当前时段的墒情监测结果，统计不同墒情土地种农作物的面积。土壤墒情以很低、低、中等、高、很高 5 类作为统计依据，确定不同墒情土地的面积和面积占比情况，通过不同的图标展示生育期不同时段土壤墒情情况，侧面反映农作物长势的特点。

⑥全生育期墒情变化：通过整合提炼多年同期土壤墒情特征，以图表的形式展示多年来同期土壤墒情的变化特征，对差于平均值、优于平均值的时段采用不同的颜色区分。在结合当期农作物种植地块土壤墒情信息后，可分析当年农作物生育期土壤墒情的整体情况，并为全年农作物生产提供参考。

5. 专家分析模块

（1）模块概述。通过分析作物长势监测的结果，识别种植对象异常区域并对异常区域进行标注展示，同时分析异常区域产生原因，提出应对策略。融合遥感长势及地面长势等多源分析数据，评估全区作物长势情况，提供综合专家分析结果。

（2）模块组成。专家分析模块主要包括异常点位置分析、异常点信息统计、苗情专家分析、墒情专家分析等。模块组成如图 6-16 所示。

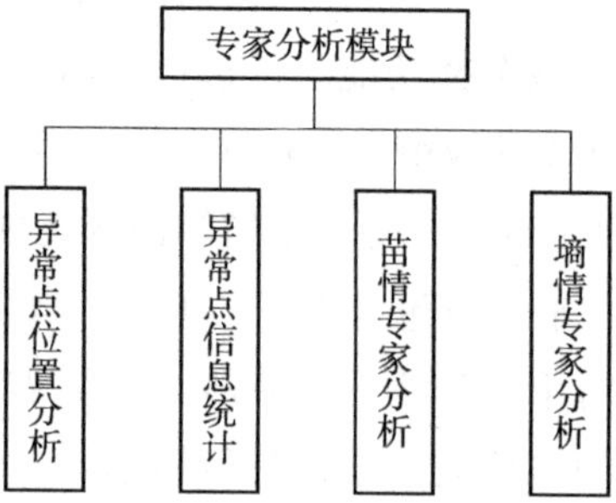

图 6-16　专家分析模块组成

①异常点位置分析：异常点监测主要实现提取山东省农作物长势异常的区域，并统计长势异常农作物的面积。异常位置在平台中以红色边框的形式叠加标注，可直观地了解作物长势异常的空间分布情况。

②异常点信息统计：对当期苗情所有异常点进行统计显示。点击【异常点】可以看到全部异常点的信息，包括异常点的行政区位置、异常作物类型、异常情况和异常点面积统计表等信息，用户可通过异常点明确长势异常的主要区域，协助该地制定应对策略。

③苗情专家分析：通过分析全省苗情比例，同时结合水旱作物特征分别统计水旱作物的苗情比例，综合展示各类作物的苗情状况，提供苗情专家苗情分析结果。苗情专家分析为保障农作物生长、保证农作物存苗率、保证粮食生产决策提供参考。

④墒情专家分析：通过分析全省墒情比例，同时结合水旱作物特征，分别统计水旱作物的苗情比例，综合展示各类作物的苗情状况，提供墒情专家分析结果。墒情专家分析为农业生产过程中灌溉补水、开沟放水等农业生产过程中水分调节措施提供参考。

6. 历史对比模块

（1）模块概述。可对不同时期作物苗情、长势和墒情对比，也可为作物长势监测子系统分析提供数据参考。

（2）模块组成。历史对比模块主要包括卷帘、影像选择等功能。模块组成如图 6–17 所示。

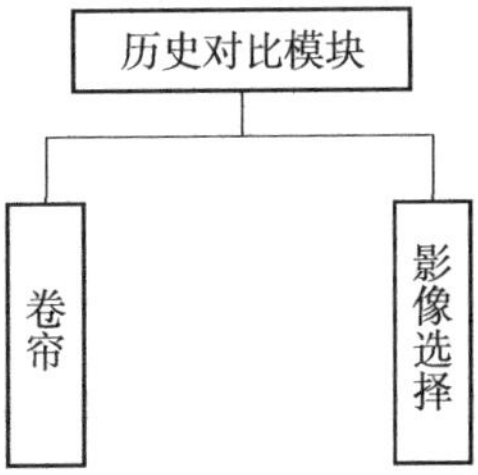

图 6–17　历史对比模块组成

①卷帘：卷帘功能实现不同日期影像的对比。卷帘窗口的两侧展示不同日期的影像，通过移动卷帘功能的控制图标调整两幅影像的显示区域，查看两幅影像所表征的同一位置影像结果信息的变化情况，以实现不同时期影像的对比展示，并完成变化信息的获取。

②影像选择：卷帘功能影像对比的影像数据，可通过影像日期选择来确定，通过选择不同的影像日期，可以实现当期对多期影像变化的对比、多期影像之间的对比、不同监测结果类型的对比，从而丰富影像对比功能，辅助农业生产决策。

7. 专题图与报告生成模块

（1）模块概述。依据作物苗情、长势、墒情监测结果和专家分析、历史对比等统计分析结果，实现相关数据的专题图制作，并基于报告模板生成报告。

（2）模块组成。专题图与报告生成模块主要包括时间选择、作物选择、专题图与报告导出等功能。模块组成如图 6-18 所示。

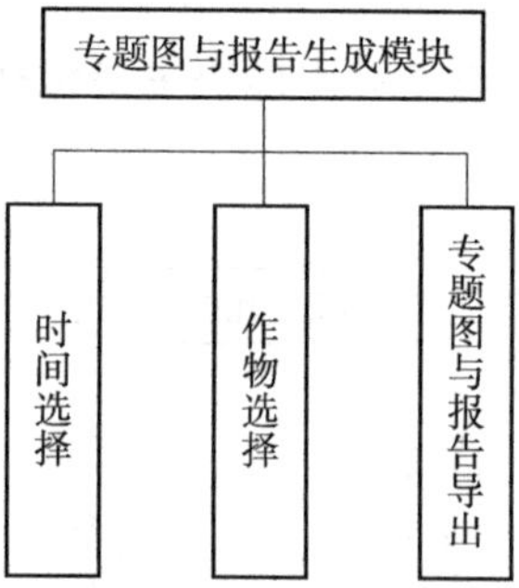

图 6-18　作物长势监测子系统专题图与报告生成模块组成

①时间选择：不同农作物在不同时间、不同季节农作物生长状态不同，其对应的空间分布特征等信息也不同，时间选择功能可根据所选时期的农作物苗情、长势和墒情监测结果，形成针对当前时间的专题图与报告。

②作物选择：同一时间不同农作物的生长状态有一定的差异，作物选择功能可根据所选作物在给定时间内的不同作物的苗情、长势和墒情监测结果，为形成针对当前作物的长势监测专题图与报告提供约束，使专题图与报告结果更具针对性。

③专题图与报告导出：专题图报告可以通过选择报告的时间和农作物类型，分析当前时间，形成专题报告正文，并根据分析结果，提供农作物种植指导意见，同时会以图片的形式提

供农作物长势的专题图和统计图表，用户可通过【导出】功能将专题图与报告导出至本地查看。

8. 图层工具

（1）模块概述。图层工具针对作物苗情、长势、墒情等监测的空间结果，提供相应的显示控制，实现从不同角度、不同方位查看不同地区、不同位置的作物苗情、长势、墒情等监测结果；通过面积、距离等测量工具也可以轻松实现关注点之间的距离测量、关注区域的面积测量等基础功能，辅助农事活动的执行。

（2）模块组成。图层工具提供距离测量、面积测量、放大、缩小、图层选择、指北针等功能，点击相应的基础工具图标，实现相应的基础功能。模块组成如图 6-19 所示。

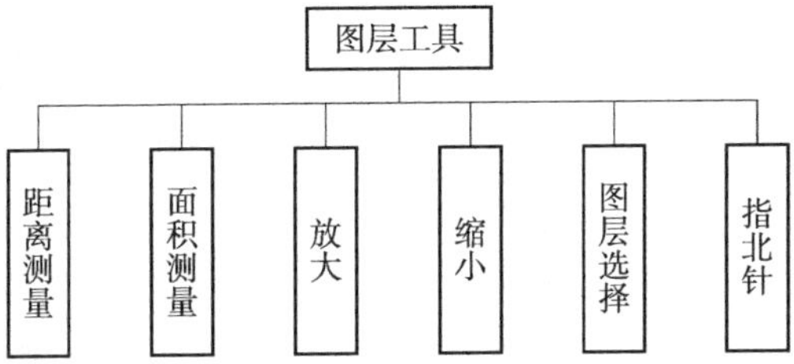

图 6-19　作物长势监测子系统图层工具组成

①距离测量：实现地图两点之间的距离测量并将测量结果在地图上标注。首先点击距离测量功能图标，激活距离测量功能，然后选择地图上的一点，之后点击地图上的另一个位置确定第二个点，双击左键可计算两点之间的距离并将距离测量结果标注在地图上。

②面积测量：实现地图所选区域内面积测量并将测量结果在地图上标注。首先点击面积测量功能图标，激活面积测量功

能，然后选择地图上的一点，之后点击地图上的其他位置确定其他点，面积测量功能所需的点至少为3个，双击左键可计算所有选择的点围成的多边形的面积，并将面积测量结果标注在地图上。

③放大：实现地图的放大显示功能。点击放大功能图标，激活放大功能，地图实现一定比例的放大显示；再次点击放大工具图标，可继续对地图进行放大；连续点击多次可实现地图的连续放大。

④缩小：实现地图的缩小显示功能。点击缩小功能图标，激活缩小功能，地图实现一定比例的缩小显示；再次点击缩小工具图标，可继续对地图进行缩小；连续点击多次可实现地图的连续缩小。

⑤图层选择：实现不同底图的切换功能。点击图层选择图标，可查看当前页面中加载或者可加载的全部图层信息，可通过选择要加载的图层实现图层切换，满足不同用户的底图需求。

⑥指北针：地图旋转可通过鼠标右键实现。点击鼠标右键并拖动鼠标，可实现地图的旋转、倾斜等功能，实现地图的不同视角展示，满足不同用户对地图展示信息角度观测的需求。

指北针功能针对旋转后的地图提供恢复默认显示方向。通过点击指北针图标，激活指北针功能，恢复地图的默认显示。

三、作物估产子系统

（一）子系统概述

面向主要农作物冬小麦、玉米、水稻、大豆、花生、棉花等，融合植被指数、叶绿素、叶面积、氮素、水分、温度、湿度等作物估产相关的理化参数，借助长势估测和营养胁迫模型，实现作物产量的遥感估产，产出产量预测数值和区域差异分布报告，服务于农业产量掌握及决策支持。

（二）子系统组成

作物估产子系统主要包括作物产量估测、估产模型研制、估产信息统计、历史数据统计、种植区域、影像对比、专题图与报告生成、视频监控和图层工具等模块。子系统组成如图 6-20 所示。

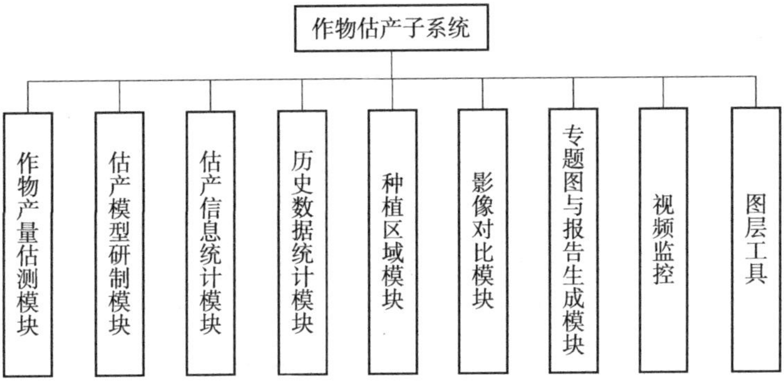

图 6-20　作物估产子系统组成

（三）子系统流程（图 6-21）

1. 数据准备

遥感影像自动化处理子系统可对作物估产所需的遥感数据进行提取和批量处理，为作物估产子系统提供数据保障。

2. 作物产量估测

利用构建的估产模型，引入作物估产所需的经遥感影像自动化处理子系统处理后的遥感数据，实现作物估产，并生成作物估产结果。

3. 空间数据发布展示

将作物产量估测结果数据入库存储，数据经过数据中台发布，接入作物估产子系统，实现作物估产结果的空间展示。

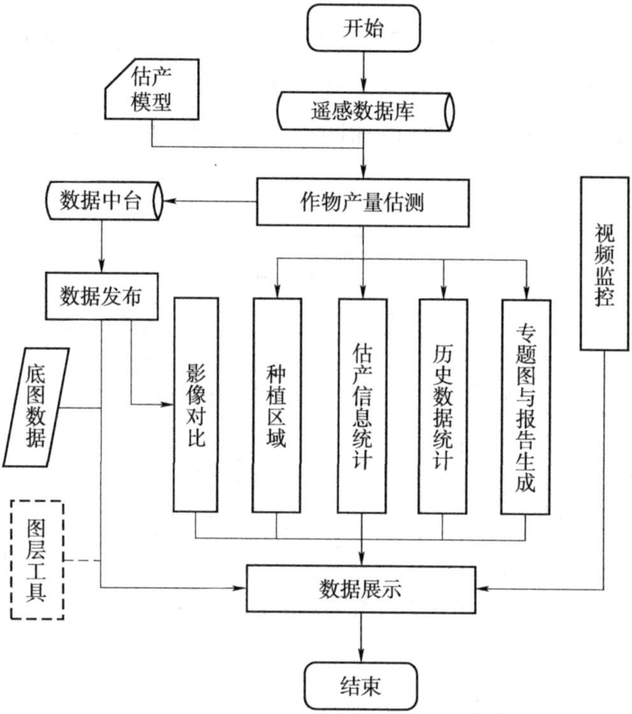

图 6-21　作物估产子系统流程

4. 统计分析结果展示

通过对作物估产结果的种植区域分析，估产信息统计、历史数据统计分析，完成专题图与报告生成，通过接入作物长势监测子系统实现相关信息的展示，对作物分布区内监控视频数据进行采集，实现视频监控数据的及时查看，并输出专题图与报告。

（四）子系统接口

子系统内部及子系统之间通过数据接口进行数据交换，子系统数据接口如图 6-22 所示。

子系统内部及子系统之间数据接口的数据交换信息和信息类型的说明如表 6-4 所示。

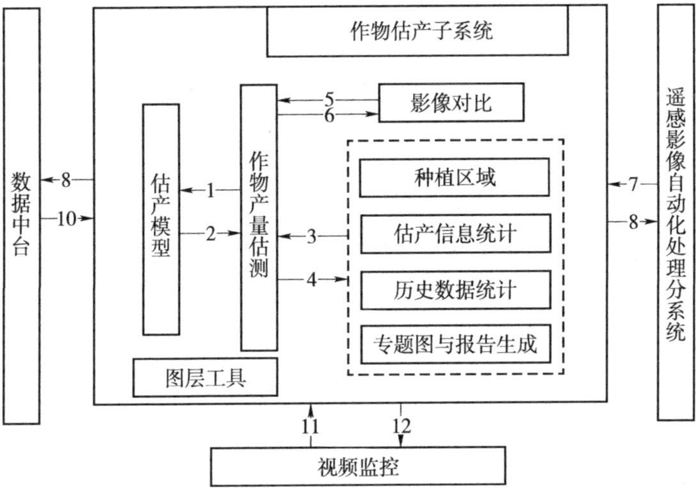

图 6-22　作物估产子系统接口设计

表 6-4　作物估产子系统接口说明

序号	发送方	接收方	交换信息	信息类型
1	作物产量估测	估产模型	提交需求指令	指令
2	估产模型	作物产量估测	对应作物的作物估产模型	模型
3	种植区域 作物信息统计 历史数据统计 专题图与报告生成	作物产量估测	分析结果需求数据	指令

续表

序号	发送方	接收方	交换信息	信息类型
4	作物产量估测	种植区域 作物信息统计 历史数据统计 专题图与报告生成	作物估产结果	数据
5	影像对比	作物产量估测	影像对比需求数据	指令
6	作物产量估测	影像对比	作物产量估测数据	数据
7	遥感影像自动化处理分系统	作物估产子系统	自动化处理后的影像	数据
8	作物估产子系统	遥感影像自动化处理分系统	需求数据信息	指令
9	作物估产子系统	数据中台	系统展示需求数据	指令
10	数据中台	作物估产子系统	需求数据切片发布	数据

（五）子系统功能模块

1. 估产模型研制

农作物遥感估产是指根据生物学原理，在收集分析各种农作物不同生育期不同光谱特征的基础上，通过平台上的传感器记录的地表信息，辨别作物类型，监测作物长势，并在作物收获前，预测作物产量的一系列方法。

作物潜在产量可以通过作物的光谱反射特征表达出来，并可利用光谱植被指数进行定量化。利用遥感影像的红波段（R）

和近红外波段（NIR）遥感信息计算得到的植被指数与作物的叶面积指数、太阳光合有效辐射、生物量与粮食产量呈正相关，其中，归一化植被指数 NDVI 是最为常用的指标。目前，对有关 NDVI 与作物产量的模型开展了大量的工作，在机理上已经确定了 NDVI 的光谱组成部分与作物产量的物理关系。时序 NDVI 数据已广泛应用于各种环境条件下监测作物生长状态和产量。通过植被指数的时序分析，可以反映作物出苗、成熟和收获的过程，作物的最终产量与作物的生长过程密切相关。

作物估产模型研制的主要步骤如下。

（1）遥感信息获取与处理。遥感图像处理包括多种多样的处理任务，常见的处理功能包括以下几项。

①遥感图像校正：遥感图像校正是指纠正变形的图像数据或低质量的图像数据，从而更加真实地反映其情景。图像校正主要包括辐射校正与几何校正两种。

②遥感图像增强：遥感图像增强是通过改善图像中特定特征的视觉对比度，从而提高图像的目视解译能力。其主要方法包括对比度变换、空间滤波、彩色变换、图像运算和多光谱变换等。与图像校正（旨在消除观测过程中的误差与畸变，使数据更接近真实值）不同，图像增强的核心目标是通过优化视觉效果，帮助解译人员更直观地识别和分析图像内容。

③遥感图像镶嵌：遥感图像镶嵌是将两幅或多幅数字图像（它们有可能是在不同的摄影条件下获取的）拼接在一起，构成一幅更大范围的遥感图像。

④遥感图像融合：遥感图像融合是将多源遥感数据在统一的地理坐标系中采用一定算法生成一组新的信息或合成图像的过程。遥感图像融合将多种遥感平台、多时相遥感数据之间及遥感数据与非遥感数据之间的信息进行组合匹配、信息补充，

融合后的数据更有利于综合分析。

（2）遥感估产区划。作物遥感估产区划是遥感估产的前期工作，其依据主要来源于对地面信息的分析。这些信息既包括估产作物的生物学特性、播种面积和单产，还包括它们与环境条件和社会经济条件的关系，也包括作物生长过程和经济产量形成过程。这些因素基本上都是作物生产区划和作物生态区划所要考虑的问题。

①面积提取：作物面积提取是利用遥感技术对地表作物种植区域进行识别、分类和面积计算的过程。利用如 Landsat、Sentinel-2、MODIS、高分系列卫星影像等多源卫星数据，结合多时相数据捕捉作物生长季特征，通过识别影像中作物特有的反射率、每种作物的纹理特征和时序特征等，利用监督分类（随机森林、支持向量机等）、非监督分类（如 K-means 等）或者深度学习方法进行作物种植面积提取的模型建立，从而高效、动态地监测某一地域或者地区的作物种植类别和种植面积，为后期作物长势监测和作物估产检测提供数据基础。

②长势监测：作物长势监测是基于多源遥感数据（如红外、雷达等）对目标作物生长情况的动态监测技术，通过利用整合作物种植面积数据、行政区划数据、气象数据等辅助信息进行监测。主要技术路径是利用 NDVI（归一化植被指数）、LAI（叶面积指数）等植被指数、基于红边波段的氮含量数据和水分含量数据，结合随机森林或者深度学习算法建立模型处理高分辨率影像，提升长势监测的精度。作物长势监测工作主要应用于作物估产、洪涝 / 干旱灾害响应的粮食安全模块、施肥灌溉的精准农业模块和农业保险理赔的政策支撑模块。

③遥感估产：作物估产在农作物种植面积提取和作物长势监测的基础上进行研发，是一种基于作物特有的波谱反射特征，

利用遥感手段对作物产量进行监测预报的一种技术。利用影像的光谱信息可以反演作物的生长信息（如 LAI、生物量），通过建立生长信息与产量间的关联模型（可结合一些农学模型和气象模型），便可获得作物产量信息。在实际工作中，常用植被指数（由多光谱数据经线性或非线性组合而成的能反映作物生长信息的数学指数）作为评价作物生长状况的标准。

2. 作物产量估测模块

（1）模块概述。面向山东省主要农作物冬小麦等，基于长势分析等信息，进行作物产量估测，将估测结果通过平台进行展示。

（2）模块组成。作物产量估测主要实现的功能包括作物估产结果展示、时间轴展示、区域选择和作物选择等。模块组成如图 6–23 所示。

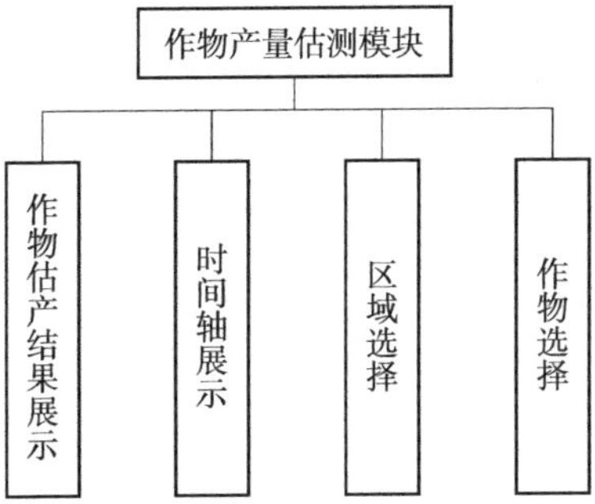

图 6–23　作物估产模块组成

①作物估产结果展示：将作物产量估测结果进行空间分布，数据在矢量底图和卫星影像底图上叠加展示。展示内容为经过分类后的作物估产结果，实现对每个空间格点的产量估测，并配以相应的图例，估测结果的单位为千克。同时在顶部展示作物的类型、物候期、估测产量和产值等信息。

②时间轴展示：提供时间轴展示功能。时间轴可以查看当期农作物的主要生育期（冬小麦为播种、出苗、分蘖、越冬、返青、起身、拔节、抽穗开花、灌浆成熟等时期，时间从当年9月至翌年6月）时间，可通过选择影像日期或点击生育期内有数据标志的位置可查看对应时间的估产结果，估产结果的影像会在地图上叠加显示，也可以明确作物估产影像的具体日期和作物生育期。

③区域选择：针对不同用户所关心的重点区域作物估产信息结果的情况，提供区域选择功能。通过选择地级市，甚至是地级市所辖县（县级市、市辖区），将作物估产结果精确到所选地区，从而使用户更加了解当前地区的作物产量估测情况，辅助粮食生产决策和相关激励等政策的制定。

④作物选择：平台应包含小麦、玉米、水稻、大豆、花生、棉花等作物。针对不同的作物估产情况，提供作物选择功能，将不同的农作物估产结果叠加显示，在结合了区域选择功能之后，可更加直观地分析当前区域的农作物估产情况。

3. 估产信息统计模块

（1）模块概述。作物估产信息统计模块针对作物估产的结果，统计不同产量区间作物的亩产、占比及不同地区间的产量情况，实现对分级后的亩产、总产、产量变化等相关信息的统计分析展示。

（2）模块组成。估产信息统计模块主要实现的功能包括亩产统计、区域作物产量统计等。模块组成如图6-24所示。

①亩产统计：通过整合提炼山东省农作物亩产信息，展示所选地区、所选作物不同分级产量内作物面积的百分比，并配以对应的图标，可以直观地展示当期农作物产量区间分布情况，指导当年有关部门粮食生产统计工作。

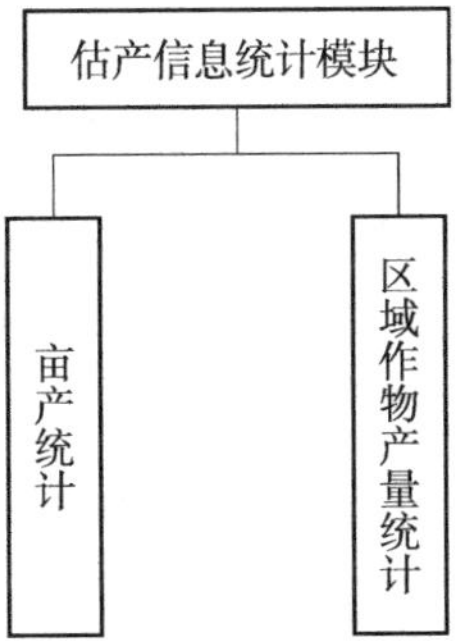

图 6-24　估产信息统计模块组成

②区域作物产量统计：统计对不同地区（如区县）当前农作物产量情况，通过环形饼图的方式展示。鼠标在环形饼图上悬停，可查看当前区域具体的农作物产量数值，同时不同地区配以不同的颜色和图例，可清晰直观的展示不同区域的粮食产量多少。

4. 历史数据统计模块

（1）模块概述。历史数据统计模块针对历年的作物产量结果，统计区域内作物产量和产值的变化，并通过图表形式进行展示。

（2）模块组成。历史数据统计模块主要实现的功能包括历年作物产量统计、历年作物产值统计等。模块组成如图 6-25 所示。

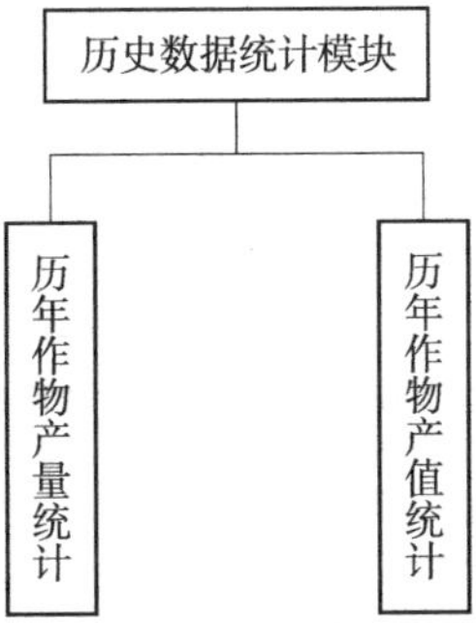

图 6-25　历史数据统计模块组成

①历年作物产量统计：历年作物产量统计以柱状图的方式统计历年产量的统计结果，考虑到山东省作为农业大省的特点，区域农作物产量较高，历年产量的统计结果以万吨为单位。通过柱状图，可以直观地反映近年来农作物产量的变化特征。

②历年作物产值统计：历年作物产值统计以折线图统计历年产值变化信息，历年产值的单位为亿元。历年产量、产值两类图表叠加显示。通过产值和产量信息的对应，也可了解历年农产品价格信息的波动情况。

5. 种植区域模块

（1）模块概述。种植区域模块主要针对农业种植企业和大型农场，整合统计农业种植企业和大型农场的名称、地址和种植农作物种植面积信息，统筹了解相关情况，协助管理相关农业生产活动。

（2）模块组成。种植区域模块主要实现的功能包括种植区域主体信息、种植区域位置等。模块组成如图 6-26 所示。

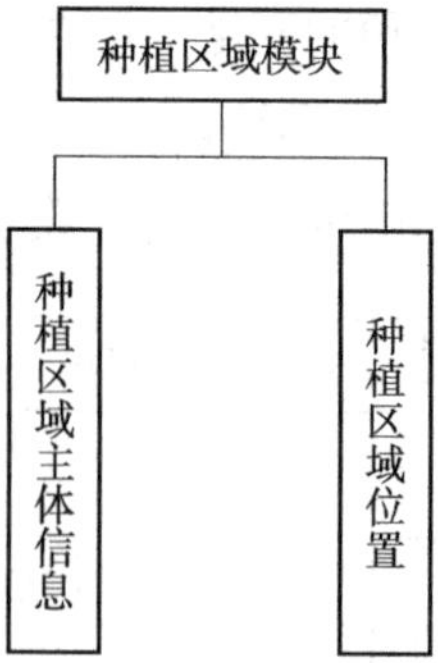

图 6-26　种植区域模块组成

①种植区域主体信息：种植区域主体信息对区域内农业种植企业或大型农场信息所有者的名称、位置种植面积进行统

计，并将区域内所有的农业种植企业或大型农场信息进行列表展示，方便管理人员或用户统筹了解、规划和制定农业经济发展对策。

②种植区域位置：通过点击农业种植企业或大型农场信息，可在地图上定位该农业生产单位的位置，并标注该农业生产单位的区域，使管理者明确农业生产单位种植地块的空间信息和属性。

6. 影像对比模块

（1）模块概述。通过比较两幅影像的信息，发现实现两幅影像的变化和异常，提炼重点关注的区域。

（2）模块组成。影像对比模块主要包括卷帘、影像选择等功能。模块组成如图 6-27 所示。

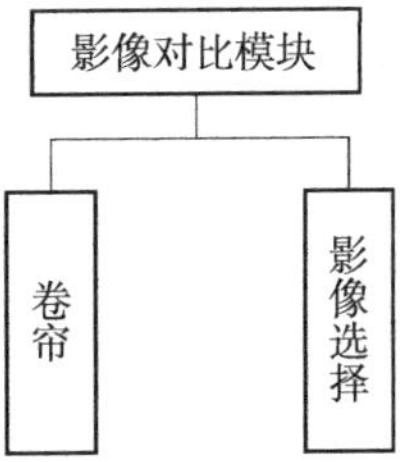

图 6-27　历史对比模块组成

①卷帘：卷帘功能实现不同日期影像的对比。卷帘窗口的两侧展示不同日期的影像，通过移动卷帘功能的控制图标，调整两幅影像的显示区域，查看两幅影像所表征的同一位置影像结果信息的变化情况，以实现不同时期影像的对比展示，并完成变化信息的获取。

②影像选择：卷帘功能影像对比的影像数据，可通过影像日期选择来确定，通过选择不同的影像日期，可以实现当期对多期影像变化的对比、多期影像之间的对比、不同监测结果类

型的对比，从而丰富影像对比功能，辅助农业生产决策。

7. 专题图与报告生成模块

（1）模块概述。依据作物估产结果和估产信息统计、历史数据统计等统计分析结果，实现相关数据的专题图制作，并基于报告模板生成报告。

（2）模块组成。专题图与报告生成模块主要包括时间选择、作物选择、专题图与报告导出等功能。模块组成如图 6-28 所示。

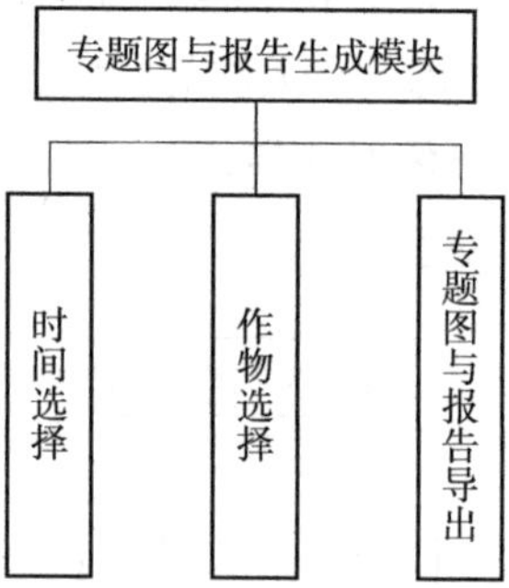

图 6-28 作物估产子系统专题图与报告生成模块组成

①时间选择：不同年份的作物估产结果不同，为了更好地分析不同年份作物产量特点，根据时间选择功能确定专题图与报告生成的年份和日期，最终形成针对当前时间的专题图与报告。

②作物选择：同一时间不同农作物的估产结果不同，作物选择功能可根据所选作物在给定时间内不同作物的估产结果，为形成针对当前作物的产量估测专题图与报告提供约束，使专题图与报告结果更具针对性。

③专题图与报告导出：专题图报告可以通过选择报告的时间和农作物类型，形成专题报告正文，并根据分析结果，提供

农作物种植指导意见，同时会以图片的形式提供农作物长势的专题图和统计图表，用户可通过【导出】功能将专题图与报告导出至本地查看。

8. 图层工具

（1）模块概述。图层工具针对作物估产的空间结果，提供相应的显示控制，实现从不同角度、不同方位查看不同地区、不同位置的作物估产结果；通过面积、距离等测量工具也可以轻松实现关注点之间的距离测量、关注区域的面积测量等基础功能，辅助农事活动的执行。

（2）模块组成。图层工具提供距离测量、面积测量、放大、缩小、图层选择、指北针等功能，点击相应的基础工具图标，实现相应的基础功能。模块组成如图 6-29 所示。

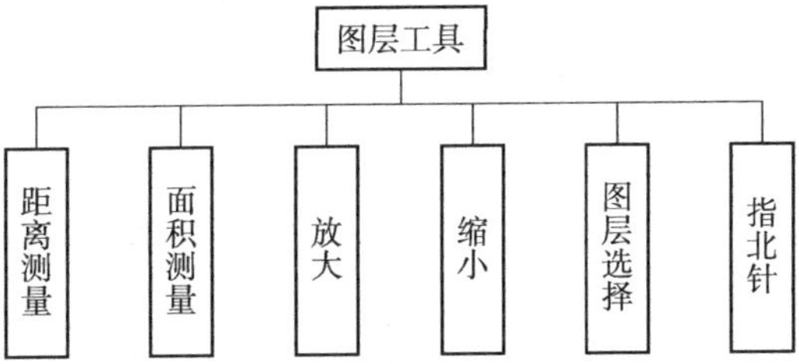

图 6-29　作物估产子系统图层工具组成

①距离测量：实现地图两点之间的距离测量并将测量结果在地图上标注。先点击距离测量功能图标，激活距离测量功能，然后选择地图上的一点，之后点击地图上的另一个位置确定第二个点，双击左键可计算两点之间的距离并将距离测量结果标注在地图上。

②面积测量：实现地图所选区域内面积测量并将测量结果在地图上标注。首先点击面积测量功能图标，激活面积测量功能，然后选择地图上的一点，之后点击地图上的其他位置确定

其他点，面积测量功能所需的点至少为3个，双击左键可计算所有选择的点围成的多边形的面积，并将面积测量结果标注在地图上。

③放大：实现地图的放大显示功能。点击放大功能图标，激活放大功能，地图实现一定比例的放大显示；再次点击放大工具图标，可继续对地图进行放大；连续点击多次可实现地图的连续放大。

④缩小：实现地图的缩小显示功能。点击缩小功能图标，激活缩小功能，地图实现一定比例的缩小显示；再次点击缩小工具图标，可继续对地图进行缩小；连续点击多次可实现地图的连续缩小。

⑤图层选择：实现不同底图的切换功能。点击图层选择图标，可查看当前页面中加载或者可加载的全部图层信息，可通过选择要加载的图层实现图层切换，满足不同用户的底图需求。

⑥指北针：地图旋转可通过鼠标右键实现。点击鼠标右键并拖动鼠标，可实现地图的旋转、倾斜等功能，实现地图的不同视角展示，满足不同用户对地图展示信息角度观测的需求。指北针功能针对旋转后的地图提供恢复默认显示方向。通过点击指北针图标，激活指北针功能，恢复地图的默认显示。

四、农业灾害监测与预警子系统

（一）子系统概述

针对干旱、风灾、洪涝等可能引起的农作物减产的农业灾害，利用温度、湿度、降水和风速等气象要素公里网格预报，进行灾害预警，分析可能致灾因素，形成预测与灾害感知专题图和综合决策分析。

（二）子系统组成

农业灾害监测与预警子系统主要包括格点气象预报、气象灾害预报、适宜性分析、精准农事作业时间查询、历史气象数据分析、气象灾害模型研制、专题图与报告生成功能和图层工具等模块。子系统组成如图 6-30 所示。

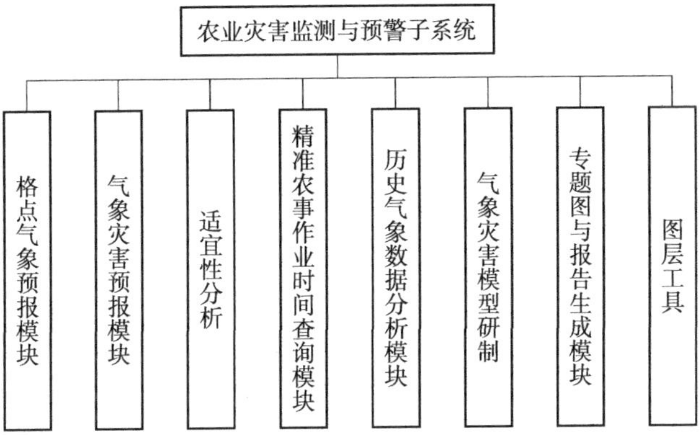

图 6-30　农业灾害监测与预警子系统组成

（三）子系统流程（图 6-31）

1. 数据准备

气象数据库包含农业资源监测与预警所需的气温、降水、日照的实时、预报等数据，为农业灾害监测与预警子系统提供数据保障。

2. 气象灾害结果

利用构建的气象灾害模型，引入气象灾害预警所需的气象数据，实现气象灾害预警，并生成气象灾害预警结果。

3. 空间数据发布展示

将气象灾害预警与格点气象预报数据入库存储，数据经过数据中台发布，接入农业灾害监测与预警子系统，实现气象灾害预报和格点气象数据预报的空间展示。

4. 统计分析结果展示

通过对气象灾害预警和格点气象预报数据的分析，实现精准农事作业时间查询；结合多源数据，分析农业生产的区域适宜性；完成专题图与报告生成，通过接入农业灾害监测与预警子系统实现相关信息的展示，并输出专题图与报告。

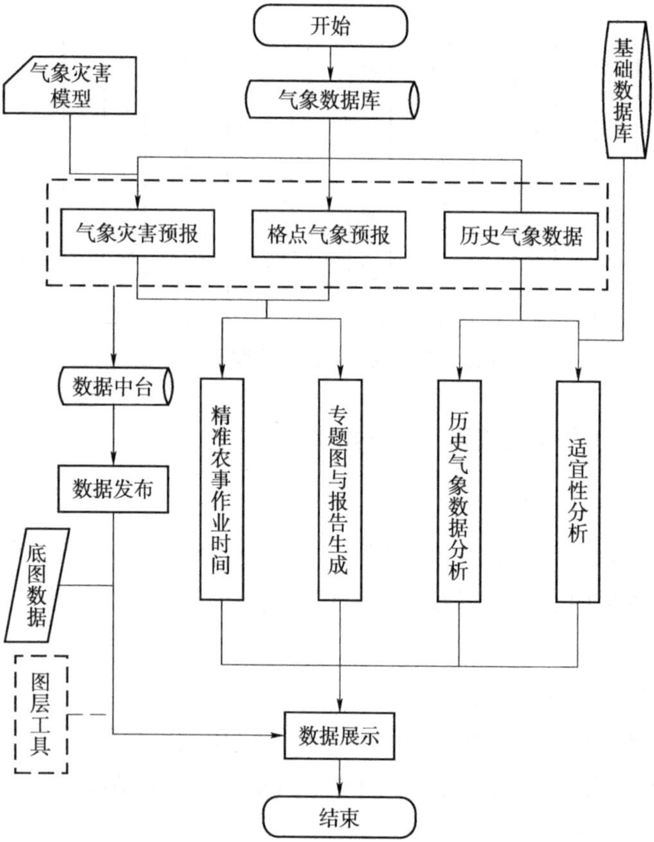

图 6-31　农业灾害监测与预警子系统流程

（四）子系统接口

子系统内部及子系统之间通过数据接口进行数据交换，子系统数据接口如图 6-32 所示。

子系统内部及子系统之间数据接口的数据交换信息和信息类型的说明如表 6-5 所示。

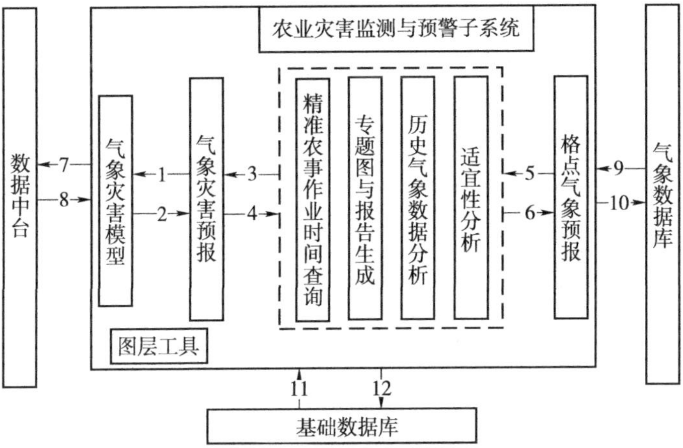

图 6-32　农业灾害监测与预警子系统接口设计

表 6-5　农业灾害监测与预警子系统接口说明

序号	发送方	接收方	交换信息	信息类型
1	气象灾害预报	气象灾害模型	提交需求指令	指令
2	气象灾害模型	气象灾害预报	对应气象灾害模型	模型
3	精准农事作业时间查询 专题图与报告生成 历史气象数据分析 适宜性分析	气象灾害预报	分析结果需求数据	指令

续表

序号	发送方	接收方	交换信息	信息类型
4	气象灾害预报	精准农事作业时间查询 专题图与报告生成 历史气象数据分析 适宜性分析	气象灾害预报数据	数据
5	格点气象预报	精准农事作业时间查询 专题图与报告生成 历史气象数据分析 适宜性分析	格点气象预报数据	数据
6	精准农事作业时间查询 专题图与报告生成 历史气象数据分析 适宜性分析	格点气象预报	分析结果需求数据	指令
7	农业灾害监测与预警子系统	数据中台	系统展示需求数据	指令
8	数据中台	农业灾害监测与预警子系统	需求数据切片发布	数据
9	气象数据库	农业灾害监测与预警子系统	系统需求气象数据	数据
10	农业灾害监测与预警子系统	气象数据库	系统需求气象数据类型	指令
11	基础数据库	农业灾害监测与预警子系统	系统需求基础地理信息等数据	数据
12	农业灾害监测与预警子系统	基础数据库	需求基础数据的类型	指令

（五）子系统功能模块

1. 气象灾害模型研制

研制省域尺度农业面临的重要气象灾害预报预警模型。利用温度、湿度、降水和风速数据，结合相关的灾害指标，形成灾害模型。平台通过引接气象系统业务数据，精准对接农业行业气象需求。平台同时具备了气象预报预警、气象防灾减灾、应对气候变化、气候资源开发利用等全天候农业气象灾害监测能力，全面支撑和保障农业生产。以山东省为例，分析主要的农业气象灾害包括以下几种。

（1）寒潮。寒潮是一种自然天气现象，指来自高纬度地区的寒冷空气，在特定的天气形势下迅速加强并向中低纬度地区侵入，造成沿途地区大范围剧烈降温、大风和雨雪天气。这种冷空气南侵达到一定标准就称为寒潮。寒潮袭击时会造成气温急剧下降，并伴有大风和雨雪天气，对工农业生产、群众生活和人体健康等都有较为严重的影响。

（2）干旱。干旱指长期无雨或少雨，使土壤水分不足、作物水分平衡遭到破坏而减产的农业气象灾害。可分为土壤干旱、大气干旱和生理干旱 3 种类型。

土壤干旱是由于土壤缺水，植物根系吸收不到足够的水分去补偿蒸腾的消耗所造成的危害。大气干旱是空气中水分干燥，经常伴有一定的风力，虽然土壤并不缺水，但由于强烈的蒸腾，使植株供水不足而形成的危害。生理干旱是不良的土壤环境条件使作物生理过程发生障碍，导致植株水分平衡失调所造成的损害。这类不良的条件包括土壤温度过高、过低、土壤通气不良、土壤溶液浓度过高及土壤中积累某些有毒的化学物质等。

（3）洪涝。洪涝指因大雨、暴雨或持续降雨使低洼地区淹没、渍水的现象。雨涝主要危害农作物生长，造成作物减产或绝收，破坏农业生产及其他产业的正常发展。

（4）干热风。干热风亦称“干旱风”“热干风”，习称“火南风”或“火风”。它是一种高温、低湿并伴有一定风力的农业灾害性天气农业气象灾害之一，是出现在温暖季节导致小麦乳熟期出现受害秕粒的一种干而热的风。干热风时，温度显著升高，湿度显著下降，并伴有一定风力，蒸腾加剧，根系吸水不够，往往导致小麦灌浆不足，秕粒严重甚至枯萎死亡。我国的华北、西北和黄淮地区春末夏初期间都有出现。一般分为高温低湿和雨后热枯两种类型，均以高温危害为主。

（5）高温日灼。高温日灼指植物受高温伤害的一种现象。夏秋高温干旱季节，日光直射裸露的果树枝干和果实，使表面温度达 40 ℃以上时，即可引起灼伤。

（6）强风。大风是快速流动的空气，我国气象观测业务中规定瞬时风速达到或超过 8 级（17 米 / 秒）时称为大风；而在天气业务规范中则规定平均风速大于等于 6 级（10.8 米 / 秒）时为大风。而“自然灾害”是人类依赖的自然界中所发生的异常现象，它具有自然和社会两重属性，是人类过去、现在、将来所面对的最严峻的挑战之一。

良好的预防措施可以减少气象灾害对农业生产造成的严重影响，这一前提的条件就是提高对农业气象灾害预防的意识。农业从业人员需要充分地认识到预防工作的重要性，从而在实际的工作中不断加强对农业自然灾害和环境保护的力度，进而有效减少我国农业因气象灾害而出现大规模的经济损失。

加强农业基础设施的建设，提高抗灾减灾的能力。为了确保我国农业生产的正常发展，必须在农业生产中建立完整的防灾和管理基础设施来增强农业防灾和控制气象灾害的能力。还要加强气象灾害的宣传工作，首先，需要使更多的人意识到防灾减灾的重要性，并且让更多的人直接参与到气象防灾工作中去，以了解气象灾害对农业的相关影响；其次，必须根据不同地区天气的类型进行有针对性的气象自然灾害的宣传力度，以帮助人们更好地了解气象灾害，提高人们的防灾减灾意识。建立健全的气象灾害防范体系是减少农业气象灾害的重要措施之一。

在先进科学技术的领导下，结合专业的经验并建立自然灾害的预报和监测系统，通过有效地实时监测，可以准确预报和科学测量气象灾害，最终提高农业防灾效果。

2. 格点气象预报模块

（1）模块概述。传统天气预报无论城市范围有多大，只用单一点预报代表该行政区域的天气情况，过于粗略。面对农业生产活动等所关心的气象条件，系统提供未来 48 小时公里网格逐小时精准气象预报，预报内容包括温度、湿度、降水和风速，并基于平台地块精准定位功能，提供地块所在格点气象预报，并增加物联网数据接入功能，气象预报的精细度大大提高。

（2）模块组成。格点气象数据预报模块主要包括格点气象预报展示、时间轴展示、区域选择、一周天气预报等功能。模块组成如图 6-33 所示。

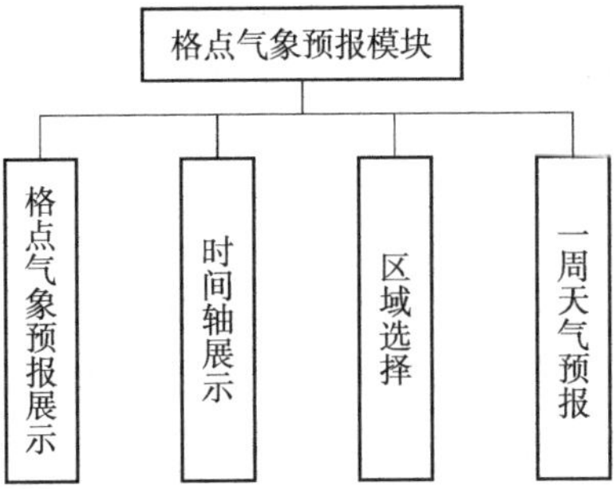

图 6-33　格点气象预报模块组成

①格点气象预报展示：在省界和省辖地级市矢量边界的基础上，将公里网格的气象预报结果进行叠加显示，展示的气象预报内容包括气温预报、相对湿度预报、降水量预报和风速预报，预报结果进行分级并配以合适的图例进行展示。针对所选择的地区，如果未来会出现极端的天气事件，如大风、降水、低温等会发出相应的气象预警提示，从而给用户制定合理的农事行为提供参考。

②时间轴展示：针对用户关心的未来具体时间段的气象预报，提供时间轴展示功能。可通过点击预报时段内有数据标志的位置查看对应时段的格点气象预报结果，预报结果会在地图上叠加显示。同时，点击左侧播放按钮，可对预报时段内逐小时预报结果动态播放，用户可直观看到未来时段内逐小时气象要素空间变化情况，明确变化趋势。

③区域选择：省域尺度辖区面积广大，气候条件各地间不尽相同。针对不同用户所关心的重点区域未来气象条件的情况，提供区域选择功能。通过选择所辖地级市，甚至是地级市所辖县（县级市、市辖区），将格点气象预报结果精确到所选地区，从而使用户更加了解当前区域的天气状况。

④一周天气预报：根据区域选择功能所确定的区域，提取和分析当前区域未来一周的天气预报情况，每天的预报结果采用日期＋天气情况预报结果图表＋气温变化来表示，主要的天气条件包括雨、雪、雾、晴、多云等多种天气类型。

3. 历史气象数据分析模块

（1）模块概述。历年气象数据的变化情况，可以反映当地气候资源的变化趋势，对指导农业种植结构和生产布局有着重要的意义。历史气象数据分析基于历史气候资料，分析热量、降水、日照等资源的情况。

（2）模块组成。历史气象数据分析模块主要包括历史气象数据展示、时间轴展示、气候特点、温度资源变化、年总日照资源变化、年降水资源变化等功能。模块组成如图 6–34 所示。

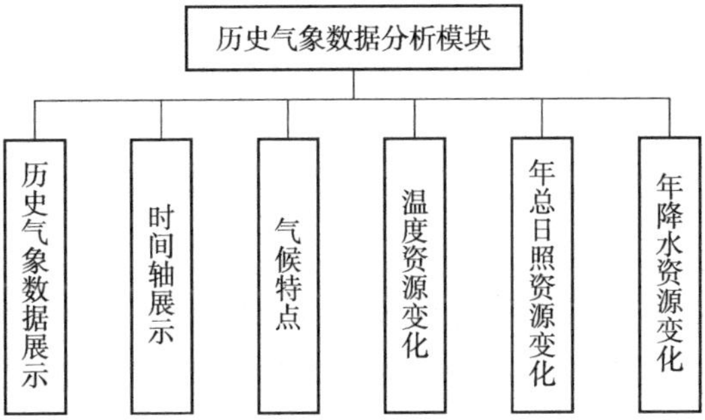

图 6–34 历史气象数据分析模块组成

①历史气象数据展示：在省界和省辖地级市矢量边界的基础上，将历史气候资源数据进行叠加显示，展示的历史气候资源数据内容包括月热量资源分布、月降水资源分布、月日照时数分布，对气候资源进行分级并配以合适的图例展示，可通过点击相应的气候资源菜单展示相应的内容。

②时间轴展示：针对历年逐月的气象数据，提供时间轴展示功能。可通过点击不同月份查看其历史气象数据的空间分布。同时，点击左侧播放按钮，可实现从 1—12 月逐月气象数据的动态播放，有助于明确各个气候资源的时空分布特征和变化规律。

③气候特点：展示所选地区的气候区划和特征。针对所选择的地区，分析该地区主要的气候类型，同时结合该地区的年均温范围、年无霜日特点、年日照时数变化和年降水量区间，辅以图标形象地展示相应的资源信息，使用户明确当地的气候资源特点，辅助农业生产工作。

④温度资源变化：在气候变化的背景下，不同年份温度资

源发生了明显的变化。通过整合提炼多年热量资源数，以折线图的形式展示所选地区温度资源的变化趋势，可直观反映近年来温度资源变化的规律，协助作物品种布局的规划和种植制度的优化。

⑤年总日照资源变化：通过整合提炼多年年总日照资源变化，以柱状图的形式展示所选区域年总日照资源的变化情况，并与历年平均值做对比，对日照资源偏多、偏少的年份采用不同的颜色区分显示。

⑥年降水资源变化：通过整合提炼多年年降水资源变化，以柱状图的形式展示所选区域年降水资源的变化情况，并与历年平均值做对比，对降水资源偏多、偏少的年份采用不同的颜色区分显示。

4. 精准农事作业时间查询模块

（1）模块概述。根据未来 48 小时气象和农业灾害预报结果，为用户提供未来 48 小时内精准农事作业查询窗口。用户可根据自身需求的气象条件或系统预置的农事活动适宜的气象条件，为用户展示未来 48 小时内符合设置气象条件的精准时间段，精确至小时，帮助作物种植者制定精准的农事计划，节省农资和人力成本。

（2）模块组成。精准农事作业时间查询模块包括适宜农事分布、农事选择、农事时间选择等功能。模块组成如图 6-35 所示。

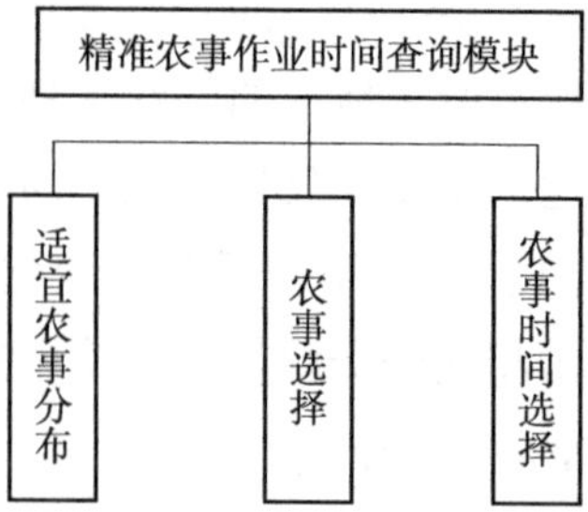

图 6-35　历史气象数据分析模块组成

①适宜农事分布：结合格点气象预报和农业灾害预报结果，分析格点农情的适宜程度。适宜程度分为适宜、一般和不适宜。不适宜区表示当前区域内由于受到天气条件的影响，应避免进行相关农事活动；适宜区表示该区域可进行农事活动；一般区需要结合当地道路、农业设施的条件综合考虑农事活动是否进行。

②农事选择：根据不同作物不同生长阶段的气候特点、生长状态、灾害特征提供多种农事活动查询，包括播期、灌水、排涝、喷药、收获等农事选择，用户可根据关注的农事活动和对应的位置信息，查询相应的农事活动的适宜性，提高农事效率。

③农事时间选择：针对未来 48 小时内农事作业需求，提供农事时间选择功能。可通过点击未来 48 小时内的时间，显示当前时段农事活动的适宜区域分布。同时，点击左侧播放按钮，可实现未来 48 小时内逐小时农事活动适宜性结果的空间分布，有助于辅助开展农事活动的时间选择。

5. 气象灾害预报模块

（1）模块概述。通过构建的气象灾害模型算法，利用气象预报数据，对农业面临的重要气象灾害情况计算，得出气象灾害预报预警结果，并将灾害预报结果的空间分布进行展示，针对气象灾害发生区域进行气象灾害预警提示。

（2）模块组成。气象灾害预报模块主要包括灾害预报结果展示、时间轴展示、区域选择、作物选择、灾害数据统计等功能。模块组成如图 6-36 所示。

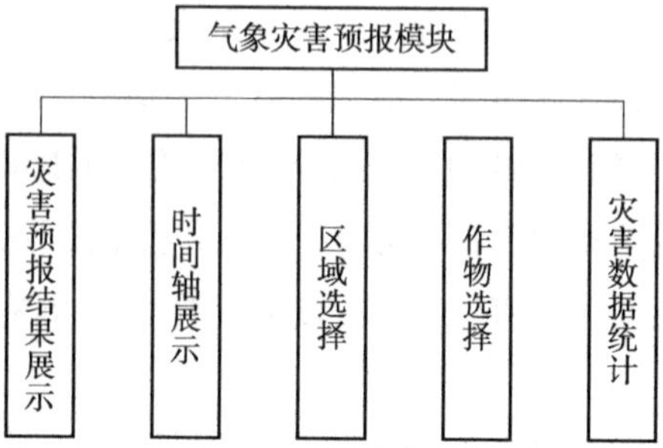

图 6-36　气象灾害预报模块组成

①灾害预报结果展示：将灾害预报结果在矢量底图和卫星影像底图上叠加展示。展示内容为经过分类后的灾害等级结果，实现对每个空间格点的灾害预报，并配以相应的图例，灾害结果的单位为灾害等级。可配置的气象灾害类型有强风、寒潮、洪涝、干热风、高温日灼等多种灾害类型，并可根据所选区域的灾害特征，进行灾害预警提示。灾害预警信息也会针对可能受灾作物的类型和具体的灾害特点进行解释和说明。

②时间轴展示：针对用户关心的未来具体时间段的气象灾害情况，提供时间轴展示功能。可通过点击预报时段内有数据标志位置查看对应时段的格点气象灾害预报结果，气象灾害预报结果会在地图上叠加显示。同时，点击左侧播放按钮，可对气象灾害预报时段内逐小时预报结果动态播放，用户可直观看到未来时段内气象灾害的空间变化情况，明确气象灾害变化趋势。

③区域选择：省域尺度辖区面积广大，气候条件各地间不尽相同，导致各地气象灾害情况也出现一定的差异。针对不同用户所关心的重点区域气象灾害的空间分布和变化情况，提供区域选择功能。通过选择所辖地级市，甚至是地级市所辖县（县级市、市辖区），将气象灾害预报结果精确到所选地区，从而使用户更加了解当前区域的气象灾害情况及气象灾害的变化趋势。

④作物选择：平台应包含小麦、玉米、水稻、大豆、花生、棉花。针对不同的作物气象灾害情况，提供作物选择功能，将不同的农作物叠加在气象灾害预报结果上，在结合了区域选择功能之后，可更加直观地分析当前作物、当前区域的实际气象灾害情况，从而服务于农业生产和抗灾减灾工作。

⑤灾害数据统计：针对常见的干旱、寒潮、干热风、高温日灼、强风、洪涝等灾害，统计分析这些灾害历年的情况，对灾害总时长和灾害累计造成的损失做出统计。并可进行年份选择，展示当前年份主要的灾害类型、受灾时长和经济损失，有助于明确历史年份灾害的强度和主要受灾类型，给农业生产防灾提供一些经验，明确农业防灾减灾工作的主要方向。

6. 专题图与报告生成模块

（1）模块概述。依据气象灾害预报、格点气象预报和历史气象数据分析、适宜性分析等分析结果，实现相关数据的专题图制作，并基于报告模板生成报告。

（2）模块组成。专题图与报告生成模块主要包括时间选择、作物选择、专题图与报告导出等功能。模块组成如图 6–37 所示。

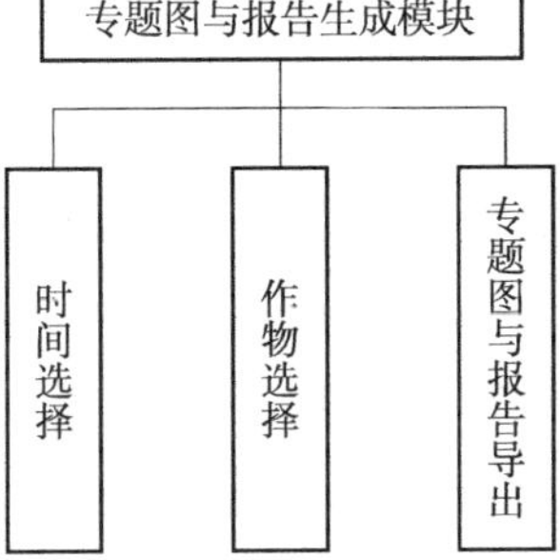

图 6–37 农业灾害监测与预警子系统专题图与报告生成模块组成

①时间选择：不同时间、不同地点的灾害类型、灾害强度

和灾害发生、发展和消退的过程不同。为了更好地分析不同时段灾害的影响，提供时间选择功能，通过给定的时间，可形成选定时间段内灾害的情况专题图与报告。

②作物选择：同一时间不同农作物生长过程中的气象条件不同，受灾情况也不同。作物选择功能可根据所选作物在给定时间内的不同作物的气象条件和受灾状况，为形成针对当前作物的农业灾害监测与预警子系统专题图与报告提供约束，使专题图与报告结果更具针对性。

③专题图与报告导出：通过选择报告的时间和农作物类型，形成适用于农业灾害与预警子系统的专题报告正文，并根据分析结果，提供农作物种植指导意见，同时会以图片的形式提供农作物长势的专题图和统计图表，用户可通过【导出】功能将专题图与报告导出至本地查看。

7. 图层工具

（1）模块概述。图层工具针对农业气象灾害和预警的空间结果，提供相应的显示控制，实现从不同角度、不同方位查看不同地区、不同位置的农业气象灾害和预警结果；通过面积、距离等测量工具也可以轻松实现关注点之间的距离测量、关注区域的面积测量等基础功能，辅助农事活动的执行。

（2）模块组成。图层工具提供距离测量、面积测量、放大、缩小、图层选择、指北针等功能，点击相应的基础工具图标，实现相应的基础功能。模块组成如图 6-38 所示。

①距离测量：实现地图两点之间的距离测量并将测量结果在地图上标注。先点击距离测量功能图标，激活距离测量功能，然后选择地图上的一点，之后点击地图上的另一个位置确定第二个点，双击左键可计算两点之间的距离并将距离测量结果标注在地图上。

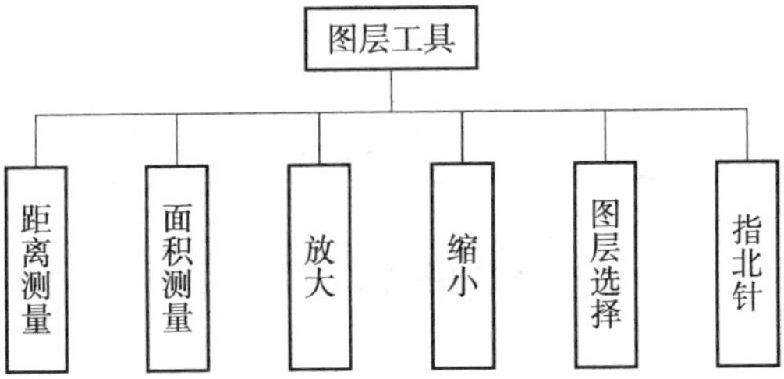

图 6-38　农业灾害监测与预警子系统图层工具组成

②面积测量：实现地图所选区域内面积测量并将测量结果在地图上标注。先点击面积测量功能图标，激活面积测量功能，然后选择地图上的一点，之后点击地图上的其他位置确定其他点，面积测量功能所需的点至少为 3 个，双击左键可计算所有选择的点围成的多边形的面积，并将面积测量结果标注在地图上。

③放大：实现地图的放大显示功能。点击放大功能图标，激活放大功能，地图实现一定比例的放大显示；再次点击放大工具图标，可继续对地图进行放大；连续点击多次可实现地图的连续放大。

④缩小：实现地图的缩小显示功能。点击缩小功能图标，激活缩小功能，地图实现一定比例的缩小显示；再次点击缩小工具图标，可继续对地图进行缩小；连续点击多次可实现地图的连续缩小。

⑤图层选择：实现不同底图的切换功能。点击图层选择图标，可查看当前页面中加载或者可加载的全部图层信息，可通过选择要加载的图层实现图层切换，满足不同用户的底图需求。

⑥指北针：地图旋转可通过鼠标右键实现。点击鼠标右键并拖动鼠标，可实现地图的旋转、倾斜等功能，实现地图的不同视角展示，满足不同用户对地图展示信息角度观测的需求。指北针功能针对旋转后的地图提供恢复默认显示方向。通过点击指北针图标，激活指北针功能，恢复地图的默认显示。

第七章　智慧农业遥感平台建设技术标准

本章介绍了智慧农业遥感平台建设的技术标准。本平台涉及大量地理空间信息内容，平台建设方案编制及平台建设过程中需要参考国家及行业标准，以便后续与其他平台对接。

第一节　智慧农业遥感平台建设方案编制相关标准

（1）GB/T 14912—2017　1：500 1：1 000 1：2 000 外业数字测图规程

（2）GB/T 17798—2007　地理空间数据交换格式

（3）GB/T 19710.1—2023　地理信息　元数据　第 1 部分：基础

（4）GB/T 22022—2008　地理信息　时间模式

（5）GB/T 23707—2009　地理信息　空间模式

（6）GB/T 19333.5—2003　地理信息　一致性与测试

（7）GB/T 17694—2023　地理信息　术语

（8）GB/T 23706—2009　地理信息　核心空间模式

（9）GB/T 16820—2009　地图学术语

（10）GB 21139—2007　基础地理信息标准数据基本规定

（11）GB/T 13923—2022 基础地理信息要素分类与代码

（12）GB/T 20258.2—2019 基础地理信息要素数据字典 第2部分：1∶5 000 1∶10 000 比例尺

（13）GB/T 12409—2009 地理格网

（14）GB/T 18316—2008 数字测绘成果质量检查与验收

（15）GB/T 17278—2009 数字地形图产品基本要求

（16）CH/T 9012—2011 基础地理信息数字成果 数据组织及文件命名规则

（17）GB/T 18317—2009 专题地图信息分类与代码

（18）CH/T 1007—2001 基础地理信息数字产品元数据

（19）GB/T 15661—2008 1∶5 000 1∶10 000 1∶25 000 1∶50 000 1∶100 000 地形图航空摄影规范

（20）GB/T 14912—2017 1∶500 1∶1 000 1∶2 000 外业数字测图规程

（21）GB/T 19996—2017 公开版纸质地图质量评定

（22）GB/T 12897—2006 国家一、二等水准测量规范

（23）GB/T 13923—2022 基础地理信息要素分类与代码

（24）GB/T 20257.1—2017 国家基本比例尺地图图式 第1部分：1∶500 1∶1 000 1∶2 000 地形图图式

（25）GB/T 20257.2—2017 国家基本比例尺地图图式 第2部分：1∶5 000 1∶10 000 地形图图式

（26）GB/T 20257.3—2017 国家基本比例尺地图图式 第3部分：1∶25 000 1∶50 000 1∶100 000 地形图图式

（27）GB/T 20257.4—2017 国家基本比例尺地图图式 第4部分：1∶250 000 1∶500 000 1∶1 000 000 地形图图式

（28）GB/T 20258.1—2019 基础地理信息要素数据字典 第1部分：1∶500 1∶1 000 1∶2 000 比例尺

（29）GB/T 20258.2—2019　基础地理信息要素数据字典　第 2 部分：1∶5 000 1∶10 000 比例尺

（30）GB/T 20258.3—2019　基础地理信息要素数据字典　第 3 部分：1∶25 000 1∶50 000 1∶100 000 比例尺

（31）GB/T 20258.4—2019　基础地理信息要素数据字典　第 4 部分：1∶250 000 1∶500 000 1∶1 000 000 比例尺

（32）GB 21139—2007　基础地理信息标准数据基本规定

（33）GB/T 21740—2025　基础地理信息城市数据库建设规范

（34）GB/T 30317—2013　地理空间框架基本规定

（35）GB/T 30318—2013　地理信息公共平台基本规定

（36）GB/T 30319—2013　基础地理信息数据库基本规定

（37）GB/T 17694—2023　地理信息　术语

（38）GB/T 23708—2009　地理信息　地理标记语言（GML）

（39）GB/T 23706—2009　地理信息　核心空间模式

（40）GB/T 21336.1—2023　地理信息　数据质量　第 1 部分：总体要求

（41）CH/T 1015.1—2007　基础地理信息数字产品 1∶10 000 1∶50 000 生产技术规程　第 1 部分：数字线划图（DLG）

（42）CH/T 1015.2—2007　基础地理信息数字产品 1∶10 000 1∶50 000 生产技术规程　第 2 部分：数字高程模型（DEM）

（43）CH/T 1015.3—2007　基础地理信息数字产品 1∶10 000 1∶50 000 生产技术规程　第 3 部分：数字正射影像图（DOM）

（44）CH/T 1015.4—2007　基础地理信息数字产品 1∶10 000 1∶50 000 生产技术规程　第 4 部分：数字栅格地图（DRG）

第二节　农业信息化相关技术标准规范

（1）GB/T 14950—2009　摄影测量与遥感术语

（2）GB/T 33453—2016　基础地理信息数据库建设规范

（3）GB/T 13923—2022　基础地理信息要素分类与代码

（4）NY/T 3527—2019　农作物种植面积遥感监测规范

（5）GB/T 34817—2017　农业干旱预警等级

（6）GB/T 15968—2008　遥感影像平面图制作规范

（7）DZ/T 0143—1994　卫星遥感图像产品质量控制规范

（8）QX/T 188—2013　卫星遥感植被监测技术导则

（9）GB/T 30115—2013　卫星遥感影像植被指数产品规范

（10）DIN 18716-3—1997　摄影测量和遥感 . 第 3 部分：遥感术语

（11）GB/T 13989—2012　国家基本比例尺地形图分幅和编号

第三节　软件开发标准规范

（1）GB/T 29765—2021　信息安全技术　数据备份与恢复产品技术要求与测试评价方法

（2）GB/T 8566—2022　系统与软件工程　软件生存周期过程

（3）GB/T 8567—2006　计算机软件文档编制规范

（4）GB/T 15532—2008　计算机软件测试规范

（5）GB 50174—2017　数据中心设计规范

（6）GB/T 28827.1—2022　信息技术服务　运行维护　第 1 部分：通用要求